# MATLAB 仿真及其在光学课程中的应用

## （第 2 版）

主　编　胡章芳
副主编　王小发　席　兵　罗　元

北京航空航天大学出版社

# 内 容 简 介

本书结合光学类课程的特点,主要介绍 MATLAB 在"光学原理""信息光学""光电图像处理"等课程中的应用。本书在结构上包括三个部分,共 6 章。第一部分为语言篇,包括第 1 章和第 2 章,是 MATLAB 基础部分,主要介绍 MATLAB 语言的基本语法、计算功能、编程基本方法和绘图功能。第二部分为应用篇,包括第 3~5 章,讲述 MATLAB 在光学类课程中的应用。其中,第 3 章介绍了 MATLAB 在光学原理课程中的应用;第 4 章介绍了 MATLAB 在信息光学课程中的应用;第 5 章介绍了 MATLAB 在"光电图像处理"课程中的应用。第三部分为课程设计综合实例,包括第 6 章,演示了光学实践教学中 MATLAB 系统仿真的应用。

本书特点:由浅入深,结构层次清楚;紧扣专业,仿真实例丰富,针对性强;语言精练,通俗易懂。

本书可作为高等院校光学、光学工程、光电信息科学与工程、电子科学技术等相关专业本科生和研究生学习专业知识的辅助教材、参考书和仿真实验指导书,也可供相关专业的教师和科技工作者参考。对参加相关课程设计和毕业设计的读者来说,书中所给实例有一定的参考价值。

**图书在版编目(CIP)数据**

MATLAB 仿真及其在光学课程中的应用 / 胡章芳主编
. -- 2 版. -- 北京 : 北京航空航天大学出版社,2018.4
ISBN 978 - 7 - 5124 - 2603 - 0

Ⅰ. ①M… Ⅱ. ①胡… Ⅲ. ①Matlab 软件-应用-光学-高等学校-教材 Ⅳ. ①043 - 39

中国版本图书馆 CIP 数据核字(2017)第 310619 号

**MATLAB 仿真及其在光学课程中的应用(第 2 版)**
主　编　胡章芳
副主编　王小发　席　兵　罗　元
责任编辑　董　瑞
\*
北京市海淀区学院路 37 号(邮编 100191)　http://www.buaapress.com.cn
发行部电话:(010)82317024　传真:(010)82328026
读者信箱:goodtextbook@126.com　邮购电话:(010)82316936
北京九州迅驰传媒文化有限公司印装　各地书店经销
\*
开本:787×1 092　1/16　印张:13.5　字数:354 千字
2018 年 4 月第 2 版　2023 年 8 月第 3 次印刷　印数:3 501~3 700 册
ISBN 978 - 7 - 5124 - 2603 - 0　定价:42.00 元

# 再版前言

　　《MATLAB 仿真及其在光学课程中的应用》作为光学、光学工程、光电信息科学与工程、电子科学技术等相关专业本科生和研究生学习专业知识的辅助教材、参考书和仿真实验指导书,自 2015 年由北京航空航天大学出版社出版以来,受到很多高校师生的欢迎。去年底出版社告知已无库存,希望再版,以适应读者的需求。

　　本次修订基本保留了第一版的体系和风格,采用 MATLAB R2017a 版软件,适当增加一些作者近年来的最新设计实例,对第一版的错漏地方做了勘误和更正。

　　本书由胡章芳、王小发、席兵、罗元共同编写完成。本书再版时,程彩、肖航、漆保凌、曾林全、付亚琴、张杰、徐轩、刘鹏飞、程亮等做了部分的资料查阅、插图制作、文字校对和编排工作,在此对他们的辛勤付出表示感谢!

　　由于作者水平有限,书中缺点、错误仍在所难免,恳请新老读者批评指正。

编　者

2018 年 1 月

北航科技图书

　　本书为读者免费提供书中示例的程序源代码、课件和习题答案,请扫描本页二维码→关注"北航科技图书"公众号→回复"2603"获得百度网盘的下载链接。

　　如使用中遇到任何问题,请发送电子邮件至 goodtextbook@126.com,或致电 010 - 82317738 咨询处理。

# 前　言

MATLAB 具有编程简单、数据可视化功能强、可操作性强等特点,已经成为国际公认的最优秀的科技应用软件之一。它是集成了数值计算、符号运算和图形处理等多种功能于一体的科学计算软件包,包含许多工具箱,可以进行科学计算、动态仿真、图形处理、信号处理、系统控制、数据统计等。目前,MATLAB 已得到了广泛的应用,许多本科生和研究生经常要用MATLAB 进行数值计算和图形处理,并且借助它来学习基础课程、专业基础课程和专业课程。本书讲述了如何应用 MATLAB 语言进行编程仿真,并针对光学类专业的本科生,重点介绍 MATLAB 在"光学原理""信息光学""光电图像处理"等课程中的具体应用。

本书围绕上述课程,结合典型例题及丰富的图形实例讲解,使原本枯燥、抽象的内容变得直观形象,帮助学生更好地理解课程内容,以及如何使用 MATLAB 编程。本书的主要特点可以概括为以下几点。

1. 由浅入深,结构层次清楚

全书内容由浅入深,在介绍 MATLAB 基本知识的基础上,紧扣专业基础课程及专业课程,提供了 MATLAB 在相应领域的应用方法,目的是让读者在学会使用 MATLAB 进行性能分析验证和建模仿真的同时,加强对专业知识的理解和掌握,从而有助于后续课程的学习。

2. 紧扣专业,仿真实例丰富,针对性强

本书对复杂的理论及算法只做简单介绍,重点放在 MATLAB 的实现(应用)上,根据专业基础课程和专业课程的要求,精选了具有代表性的实例,使读者在实例中加深对专业知识的理解,并学会如何使用相应的 MATLAB 函数。建议读者在使用本书时最好结合相应的教材做参考。

3. 语言精练,内容易于理解

本书避免了复杂的数学公式推导,对知识进行提炼,语言简洁,通俗易懂。书中提供的程序代码中,对关键处进行了注释,易于读者理解和掌握 MATLAB 的编程方法和思路。

本书可作为高等院校光学、光学工程、光电信息科学与工程、电子科学技术等相关专业本科生和研究生学习专业知识的辅助教材、参考书以及仿真实验指导书,也可供相应专业的教师和科技工作者参考。对参加相关课程设计和毕业设计的读者来说,书中所给实例有一定的参考价值。

本书由胡章芳、罗元、席兵、潘武共同编写完成。在本书编写过程中,杨麟、黄冬冬、王运凯、刘金兰等人做了资料查阅、文字校对和编辑排版等工作,在此对他们的辛勤付出表示感谢。

　　书中所有程序源代码可在北京航空航天大学出版社官网(http://www.buaapress.com.cn)的"下载中心"下载。同时,北京航空航天大学出版社联合MATLAB中文论坛为本书设立了在线交流版块,网址:http://www.ilovematlab.cn/forum-246-1.html(读者也可以在该版块下载程序源代码)。我们希望借助这个版块实现与广大读者面对面的交流,解决大家在阅读本书过程中遇到的问题,分享彼此的学习经验,共同进步。

　　由于作者水平有限,书中存在的错误和疏漏之处,恳请广大读者和同行批评指正。本书勘误网址:http://www.ilovematlab.cn/thread-432219-1-1.html。

编者

2014 年 11 月

# 目　　录

## 第一部分　语言篇

2

## 第二部分　应用篇

# 第三部分　实例篇

6

# 第一部分　语言篇

# 第 1 章

## MATLAB 语言概述

## 1.1 MATLAB 简介

### 1.1.1 MATLAB 的发展历程

MATLAB 由 MATrix 和 LABoratory 两词的前三个字母组合而成,意为矩阵实验室。MATLAB 语言的产生是与数学计算紧密联系在一起的。20 世纪 70 年代后期,美国新墨西哥州大学计算机系主任 Cleve Moler 在给学生讲授线性代数课程时,为了减轻学生的编程负担,为学生设计了一组调用 LINPACK 和 EISPACK 库程序的"通俗易用"的接口,并将这个接口程序取名为 MATLAB,深受学生的欢迎,这是用 Fortran 语言编写的萌芽状态的 MATLAB。

1984 年,Moler、John Little 和 Steve Bangert 等成立了 MathWorks 软件开发公司,推出了第一个 MATLAB 商业版本——MATLAB 1.0 版,其核心是用 C 语言编写的。而后,又添加了丰富多彩的图形图像处理、符号运算以及与其他流行软件的接口功能,使得 MATLAB 的功能越来越强大。

MathWorks 公司正式推出 MATLAB 后,于 1992 年推出了具有划时代意义的 MATLAB 4.0 版本,1993 年推出了可用于 IBM PC 及其兼容机上的微机版,特别是与 Windows 配合使用,使 MATLAB 的应用得到了前所未有的发展。1997 年 MathWorks 公司推出了 MATLAB 5.0 版。随着时间的推移,MATLAB 版本不断升级,相应的功能也不断扩充。2004 年 7 月,MathWorks 公司正式推出 MATLAB Release 14,即 MATLAB 7.0 版,其功能在原有的基础上又得到了进一步改进。2006 年后,MathWorks 公司每年推出两个版本,如 R2016a 和 R2016b。

MATLAB 经过几十年的不断完善,现已成为国际上最为流行的科学计算与工程计算软件工具之一,如今的 MATLAB 已经不仅仅是矩阵运算或数值计算的软件,它已经发展成为一种具有广泛应用前景的全新的计算机高级编程语言,可以说它是"第四代"计算机语言。

自 20 世纪 90 年代,美国和欧洲的各个大学将 MATLAB 正式列入研究生和本科生的教材计划,MATLAB 软件已经成为数值计算、数理统计、数字信号处理、自动控制、时间序列分析、动态系统仿真等课程的基本教学工具,成为学生必须掌握的基本软件之一。在研究单位和工业界,MATLAB 也成为工程师们必须掌握的一种工具,被认为是进行高效研究与开发的首选软件工具。

### 1.1.2 MATLAB 的主要特点

MATLAB 以其良好的开放性和运行的可靠性,已经成为国际控制界公认的标准计算软件,在国际上的 30 多个数学类科技应用软件中,MATLAB 在数值计算方面独占鳌头。与其他计算机语言相比,MATLAB 具有如下特点:

**1. 编程效率高**

MATLAB 是一种面向科学与工程计算的高级语言,允许使用数学形式的语言编写程序,而且比 Basic、Fortran 和 C 等语言更加接近人们书写计算公式的思维方式,用 MATLAB 编写程序犹如在演算纸上排列出公式与求解问题。因此,MATLAB 语言也可通俗地称为演算纸式科学算法语言。由于它编写简单,所以编程效率高,易学易懂。

**2. 使用方便**

MATLAB 语言把编辑、编译、连接和执行融为一体,其调试程序手段丰富,调试速度快,更易上手。

**3. 扩充能力强**

高版本的 MATLAB 语言有丰富的库函数,在进行复杂的数学运算时可以直接调用,而且 MATLAB 的库函数同用户文件在形式上是一样的,所以用户文件也可作为 MATLAB 的库函数来调用。因而,用户可以根据自己的需要方便地建立和扩充新的库函数,以便提高 MATLAB 的使用效率和扩充它的功能。

**4. 语句简单,内涵丰富**

MATLAB 语言中最基本、最重要的成分是函数,这不仅使 MATLAB 的库函数功能更丰富,而且大大减少了需要的磁盘空间,使得 MATLAB 编写的 M 文件简单而高效。

**5. 高效方便的矩阵和数组运算**

MATLAB 语言像 Basic、Fortran 和 C 语言一样规定了矩阵的一系列运算符,它不需要定义数组的维数,并给出矩阵函数、特殊矩阵专门的库函数,使之在求解诸如信号处理、建模、系统识别、控制、优化等领域的问题时,体现出简捷、高效、方便的优势,这是其他高级语言所不能比拟的。

**6. 方便的绘图功能**

利用 MATLAB 语言绘图非常方便,它有一系列的绘图函数,例如线性坐标、对数坐标、半对数坐标及极坐标等,均只需调用不同的绘图函数,在图上标出图题、坐标轴标注、网格线的绘制等也只需调用相应的命令,简单易行。这是通用的编程语言所不能及的。

**7. 极好的开放性**

开放性是 MATLAB 最受人们欢迎的特点之一。除内部函数以外,所有 MATLAB 的核心文件和工具箱文件都是可读、可改的源文件,用户可通过对源文件的修改以及加入自己的函数文件来构成新的工具箱。

# 1.2　MATLAB 的系统组成

MATLAB 系统由 MATLAB 开发环境、MATLAB 数学函数库、MATLAB 语言、MATLAB 图像处理系统和 MATLAB 应用程序接口(API)五大部分构成。

**1. MATLAB 开发环境**

MATLAB 开发环境是一套方便用户使用 MATLAB 函数和文件的工具集,其中许多工具是图形化用户接口。它是一个集成的工作化的工作区,可以让用户输入、输出数据,并提供了 M 文件的集成编译和调试环境。它包括 MATLAB 桌面、命令行窗口、M 文件编辑调试器、MATLAB 工作区和在线帮助文档等。

**2. MATLAB 数学函数库**

MATLAB 数学函数库包括了大量的计算算法，从基本运算到复杂算法（如矩阵求逆、快速傅里叶变换、贝塞尔函数等），体现了其强大的数学计算功能。

**3. MATLAB 语言**

MATLAB 语言是一个高级的基于矩阵和数组的语言，包括程序流控制、函数、脚本、数据结构、输入/输出、工具箱和面向对象编程等特色。用户既可以用它来快速编写简单的程序，也可以用它来编写大型的复杂程序。

**4. MATLAB 图形处理系统**

图形处理系统使得 MATLAB 能方便地图形化显示矩阵和向量，而且能对图形添加标注和打印。它包括二维及三维图形函数、图像处理和动画显示等函数。

**5. MATLAB 程序接口**

MATLAB 程序接口可以使 MATLAB 方便地调用 C 和 Fortran 程序，以及在 MATLAB 与其他应用程序之间建立客户/服务器关系。

# 1.3　MATLAB R2017a 的安装、启动和退出

MATLAB 为用户提供了全新的桌面操作环境，了解并熟悉这些桌面操作环境是使用 MATLAB 的基础。本节介绍 MATLAB R2017a 的安装、启动、退出等。

## 1.3.1　MATLAB R2017a 的安装

MATLAB 版本较多，这里以 MATLAB R2017a 为例进行介绍。

首先，解压完 MATLAB R2017a 文件，打开文件，单击 setup.exe 文件，出现如图 1-1 所示的界面，选择第二项"使用文件安装密钥"，单击"下一步"按钮。

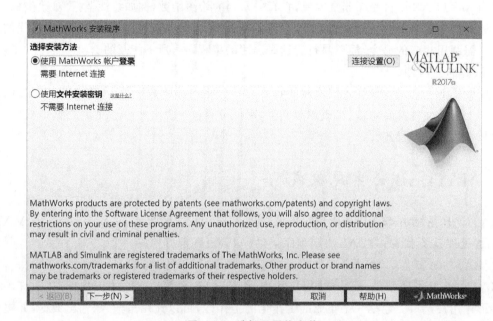

图 1-1　选择无网络安装

4

如图 1－2 所示，出现 MATLAB 的许可协议，选择"是"，然后单击"下一步"按钮。

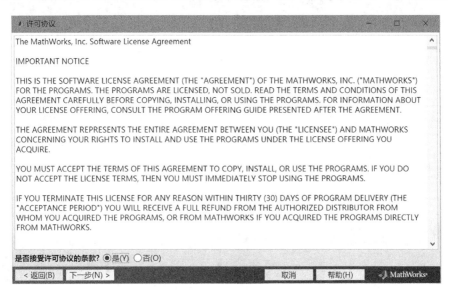

图 1－2　选择许可协议

如图 1－3 所示，出现"文件安装密钥"窗口，选择"我已有我的许可证的文件安装密钥"，输入 MATLAB R2017a 所提供的安装密钥后单击"下一步"按钮。

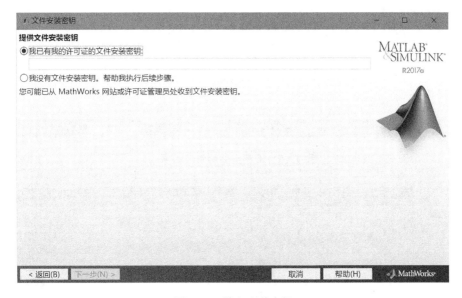

图 1－3　输入安装密钥

选择好安装路径后进入"产品选择"的窗口，勾选"MATLAB 9.2"选项，然后根据自己的需要选择安装部分工具箱，如图 1-4 所示，选择好后单击"下一步"按钮。

完成上述步骤后，单击"安装"按钮，开始程序的安装，如图 1-5 所示。

安装完成后，出现"安装完毕"窗口，显示"已安装完毕"，如图 1-6 所示，单击"完成"按钮。

安装完成后，还需进行软件激活，如图 1-7 所示。选择"在不使用 Internet 的情况下手动激活"选项，然后单击"下一步"按钮。

MATLAB仿真及其在光学课程中的应用(第2版)

若您对此书内容有任何疑问，可以登录MATLAB中文论坛与同行们交流。

6

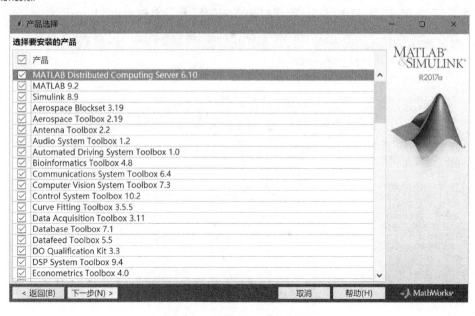

图 1 - 4　选择自定义安装选项

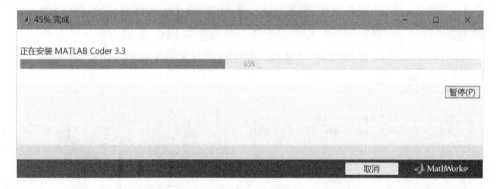

图 1 - 5　正在安装所勾选的项

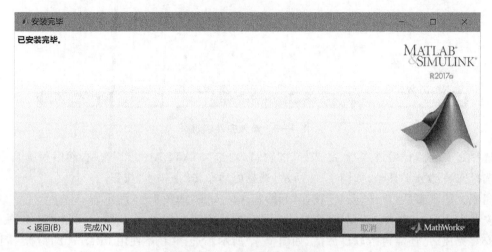

图 1 - 6　MATLAB 安装完毕

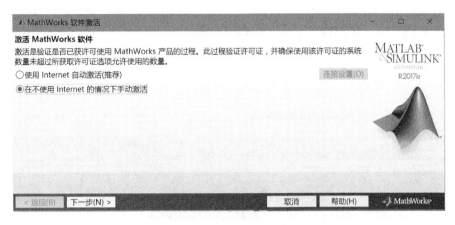

图 1-7　　MATLAB 激活选项

"激活完成"界面如图 1-8 所示,提示"激活已完成"后单击"完成"按钮。

图 1-8　　MATLAB 激活完成

激活完成后,就可以启动 MATLAB R2017a 了。

## 1.3.2　MATLAB R2017a 的启动和退出

### 1. MATLAB R2017a 的启动

可以通过以下 3 种方法来启动 MATLAB R2017a。

① 使用 Windows 的"开始"菜单,在程序里面找到 MATLAB R2017a,单击启动 MATLAB 程序。

② 在 MATLAB R2017a 的安装目录内的 bin 文件夹下,双击 MATLAB.exe 启动 MATLAB 程序。

③ 利用桌面上的快捷方式启动 MATLAB 程序。

### 2. MATLAB R2017a 系统的退出

退出 MATLAB 系统的常用方法如下:

① 在 MATLAB 命令行窗口输入"exit"或"quit"命令。

② 直接单击 MATLAB 命令行窗口右上角的"✕"按钮。相对来说,这种方法使用得较多。

## 1.4　MATLAB R2017a 的工作环境

启动 MATLAB R2017a 后,进入如图 1－9 所示的 MATLAB 主界面。MATLAB R2017a 的主界面即用户的工作环境,包括菜单栏、工具栏、开始按钮和各个不同用途的窗口。本节主要介绍 MATLAB 各个交互界面的功能和操作。

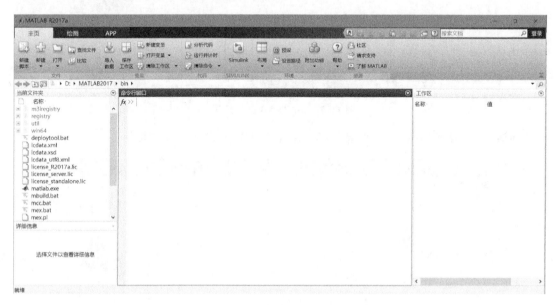

图 1－9　MATLAB 操作界面默认主窗口

### 1.4.1　菜单栏和工具栏

MATLAB 主窗口是 MATLAB 的主要工作界面。主窗口除了嵌入一些子窗口外,主要包括菜单栏和工具栏。MATLAB 的菜单栏和工具栏中包含三个标签,分别为主页、绘图和 APP(应用程序),如图 1－10 所示。其中,绘图标签下提供数据的绘图功能,可以绘制二维图形、三维图形、条形图和饼图等。应用程序标签提供了各个应用程序的入口,它是 MATLAB 强大的功能得以实现的载体和手段,是 MATLAB 基本功能的重要扩充,它可以用来扩充 MATLAB 的符号计算、可视化建模仿真以及与硬件实时交互等功能。而主页标签则是人们最常用的标签,它主要包含了下述功能:

图 1－10　MATLAB 菜单栏和工具栏

①　新建脚本:用于建立新的 .m 脚本文件,也可以通过快捷键 Ctrl＋N 来完成。

②　新建:用于建立新的 .m 文件、函数、示例、模型、图形和图形用户界面。

③　打开:用于打开 MATLAB 的 .m 文件、.fig 文件、.mdl 文件、.mat 文件、.ssc 文件等,也可以通过快捷键 Ctrl＋O 来实现这个操作。

④ 查找文件:基于文件名称或内容搜索文件。

⑤ 比较:比较两个文件的内容。

⑥ 导入数据:用于从其他文件导入数据,单击后弹出对话框,选择导入文件的路径和位置。

⑦ 保存工作区:用于把工作区的数据存放到相应的路径文件中。

⑧ 分析代码:分析当前文件夹中的 MATLAB 代码文件,查找效率低下的编码和潜在的错误。

⑨ Simulink 库:打开 Simulink 模块库。

⑩ 预设:用于设置命令行窗口的属性。

⑪ 布局:提供工作界面上各个组件的显示选项,并提供预设的布局。

⑫ 帮助:打开帮助文件或其他帮助方式。

## 1.4.2　命令行窗口

　　MATLAB 的命令行窗口是 MATLAB 最主要的窗口,它实现了 MATLAB 的交互性。命令行窗口是用户使用 MATLAB 进行工作的窗口,同时也是实现 MATLAB 各种功能的窗口。用户可以直接在 MATLAB 命令行窗口内输入命令和得到除图形以外的执行结果。该窗口中的“ >> ”是命令提示符,表示 MATLAB 处于准备状态,等待用户输入指令进行计算。在此符号后输入命令,按 Enter 键执行命令,算出结果后会再次进入准备状态。

　　【例 1 - 4 - 1】计算 $[12+2\times(7-4)]\div3^2$。

　　① 用键盘在 MATLAB 命令窗中输入以下内容:

```
>> (12 + 2 * (7 - 4))/3^2
```

　　② 在上述表达式输入完成后,按 Enter 键,该指令被执行。

　　③ 在指令执行后,MATLAB 指令窗中将显示以下结果:

```
ans =
    2
```

以上内容如图 1 - 11 所示。

图 1 - 11　在命令行窗口里的计算

说明:“ans”是 MATLAB 的一个默认变量,用户也可将表达式的值赋值给某个变量,如 a。当然,也可以输入多条命令,这时各命令间要以逗号或分号隔开。

当输入命令的语句过长,需要两行或多行才能输入,则要使用"…"作连接符号,按 Enter 键转入下一行继续输入。

命令行窗口中各字符的颜色不同,在默认情况下:关键字采用蓝色,字符串采用褐红色,命令、表达式和运行结果采用黑色。

此外,单击命令行窗口右上角的下三角图标并选择"取消停靠"可以使命令行窗口脱离 MATLAB 界面成为一个独立的窗口;选择独立命令行窗口右上角的下三角形图标并选择"停靠",可以使命令行窗口再次回到 MATLAB 主界面。

### 1.4.3　工作区

工作区窗口显示当前内存中所有的 MATLAB 变量的变量名、数据结构、字节数及数据类型等信息,如图 1-12 所示。不同变量类型分别对应不同的变量名图标。

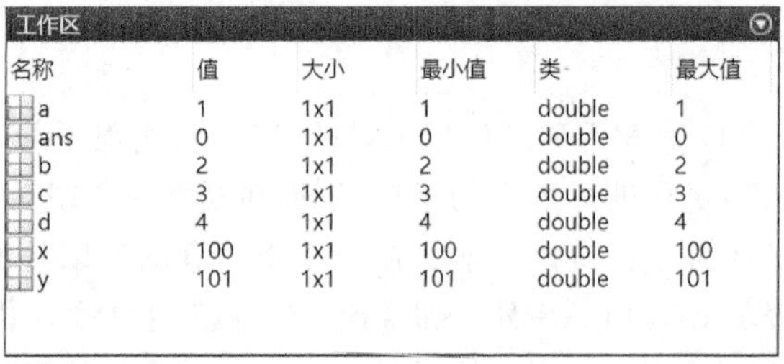

| 工作区 | | | | | |
|---|---|---|---|---|---|
| 名称 | 值 | 大小 | 最小值 | 类 | 最大值 |
| a | 1 | 1x1 | 1 | double | 1 |
| ans | 0 | 1x1 | 0 | double | 0 |
| b | 2 | 1x1 | 2 | double | 2 |
| c | 3 | 1x1 | 3 | double | 3 |
| d | 4 | 1x1 | 4 | double | 4 |
| x | 100 | 1x1 | 100 | double | 100 |
| y | 101 | 1x1 | 101 | double | 101 |

图 1-12　工作区窗口

用户可以选中已有变量,单击鼠标右键对其进行各种操作。此外,工作区界面的菜单栏和工具栏上也有相应的命令供用户使用。

① 新建变量:向工作区添加新的变量。
② 导入数据:向工作区导入数据文件。
③ 保存工作区:保存工作区中的变量。
④ 清除工作区:删除工作区中的变量。

## 1.5　MATLAB R2017a 帮助系统

帮助文档是应用软件的重要组成部分,文档编制的质量直接关系到应用软件的记录、控制、维护、交流等一系列工作。MATLAB 提供了强大的帮助系统,用户在使用 MATLAB 过程中遇到问题可以查询帮助系统,同时用户也可以把 MATLAB 帮助系统作为学习资料来阅读,帮助系统能使用户快速掌握 MATLAB 的使用。

### 1.5.1　帮助窗口

同其他 MATLAB 版本一样,MATLAB R2017a 也提供了一个"交互界面"的帮助窗口,该窗口对 MATLAB 功能叙述最系统、丰富,界面也十分友善、方便,这是用户今后寻求帮助的最主要资源。

打开帮助窗口有以下 3 种方法:
① 在命令行窗口中输入 helpwin、helpdesk 或 doc。
② 单击 MATLAB 主窗口工具栏中的 Help 按钮 ?。

③ 选择帮助下拉菜单,可以选择文档、示例、请求支持等帮助选项。

帮助窗口如图 1-13 所示。

图 1-13　帮助窗口

## 1.5.2　帮助命令

MATLAB 中的各个函数,不管是内建函数还是 M 文件函数一般都有 M 文件的使用帮助和函数功能说明,各个工具箱也有一个与其名称相同的 M 说明文件。因此,在 MATLAB 命令行窗口中,可以通过一些命令来获取这些纯文本的帮助信息,这些命令包括 help、lookfor、which、doc、get、type 等。

**1. help 命令**

在 MATLAB 命令行窗口中直接输入 help 命令将会显示当前帮助系统中所包含的所有项目,即搜索路径中所有的目录名称。同样,可以通过"help＋函数名"来显示该函数的帮助说明。

【例 1-5-1】了解 tanh 函数的使用方法。

在命令行窗口中输入如下代码:

```
help tanh
```

得到结果:

```
    tanh    Hyperbolic tangent
    tanh(X) is the hyperbolic tangent of the elements of X.
See also atanh
tanh 的参考页
名为 tanh 的其他函数
```

显示的帮助文档介绍了 tanh 函数的主要功能、调用格式及相关函数的链接。

**2. lookfor 命令**

help 命令只搜索那些与关键字完全匹配的结果,lookfor 命令对搜索范围内的 M 文件进行关键字搜索。lookfor 命令只对 M 文件的第一行进行关键字搜索。若在 lookfor 命令后加上 -all 选项,则可对 M 文件进行全文搜索。

**3. 模糊查询**

MATLAB 5.0 以上的版本提供了一种类似模糊查询的命令查询方法,用户只需要输入命令的前几个字母,然后按 Tab 键,系统就会列出所有以这几个字母开头的命令。

## 1.5.3　演示系统

通过演示系统(Demos),用户可以更加直观、快速地学习 MATLAB 中许多实用的知识。

选择 MATLAB 主界面菜单栏帮助下的示例命令,或者在命令行窗口输入"Demos",都可以打开如图 1-14 所示的演示系统。从图中可以看到,演示窗口的左侧是库目录,里面有"Language Fundamentals""Mathematics""Graphics"等的演示,右边是相对该库中各项目的名称。

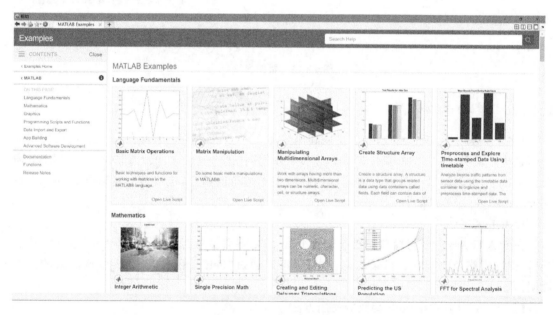

图 1-14　帮助演示窗口

## 1.5.4　帮助系统导航浏览器

帮助导航浏览器是 MATLAB 专门提供的一个独立的帮助子系统。该系统包含的所有帮助文件都存储在 MATLAB 安装目录下的 help 子目录下。用户可以采用以下两种方法打开帮助导航浏览器:

```
helpbrowser
```

或者

```
doc
```

12

## 1.5.5　远程帮助系统

除以上几种方法可以获得帮助以外,用户还可以通过网络获得远程帮助,例如在 Math-Works 公司的主页(http://cn.mathworks.com)上可以找到很多有用的信息。

国内的一些网站也有丰富的信息资源,例如,MATLAB 中文网:http://www.matlabfan.com/,MATLAB 中文论坛:http://www.ilovematlab.cn/,MATLAB 技术论坛:http://www.matlabsky.com/等。

# 1.6　MATLAB 的基本操作命令

MATLAB 的命令基本上可以分为五类:管理命令和函数、管理变量和工作空间命令、控制命令行窗口的命令、对文件和环境操作的命令以及退出 MATLAB 的命令。这些命令放在 matlab\general 目录下,用户只需在命令行窗口中输入:

```
>> help matlab\general(回车)
```

本节简要介绍一些常用基本命令的功能,用户可以通过帮助系统了解各种命令的详细用法。

## 1.6.1　通用命令和编辑键

### 1. 通用命令

在 MATLAB 中,除了可以通过菜单命令对工作窗口进行控制外,用户还可以在 MATLAB 命令行窗口中直接键入控制命令并执行。表 1-1 给出了部分常用的通用命令及其功能说明。

表 1-1　部分常用的通用命令

| 命令名称 | 功能说明 |
|---|---|
| clear | 清除内存中所有的或指定的变量 |
| cd | 显示和改变当前工作目录 |
| clc | 擦除 MATLAB 工作窗口中所有显示的内容 |
| clf | 擦除 MATLAB 当前工作窗口中的图形 |
| dir | 列出当前或指定目录下的子目录和文件清单 |
| disp | 在运行中显示变量或文字内容 |
| echo | 控制运行的文字命令是否正确 |
| exit | 退出 MATLAB |
| hold | 控制当前的图形窗口对象是否被刷新 |
| home | 擦除命令行窗口中所有显示的内容,并把光标移到命令行窗口左上角 |
| pack | 收集内存碎片以扩大内存空间 |
| quit | 关闭并退出 MATLAB |
| type | 显示所指定文件的全部内容 |

续表 1-1

| 命令名称 | 功能说明 |
|---|---|
| load | 加载指定文件的变量 |
| diary | 日志文件命令 |
| ! | 调用 DOS 命令 |
| path | 显示搜索目录 |
| save | 保存内存变量到指定文件 |

**2. 一些常用的编辑键**

为便于在 MATLAB 命令行窗口中对输入的内容进行编辑,MATLAB 提供了一些控制光标位置和进行简单编辑的常用编辑键和组合键,其命令和用法如表1-2所列。

表 1-2　常用的一些编辑键

| 编辑键 | 组合键 | 作　用 |
|---|---|---|
| 上箭头 | Ctrl＋P | 调用前一个命令 |
| 下箭头 | Ctrl＋N | 调用后一个命令 |
| 左箭头 | Ctrl＋B | 光标左移一个字符 |
| 右箭头 | Ctrl＋F | 光标右移一个字符 |
| Backspace | Ctrl＋H | 清除光标前的一个字符 |
| Ctrl＋左箭头 | Ctrl＋R | 光标左移一个单词 |
| Ctrl＋右箭头 | Ctrl＋L | 光标右移一个单词 |
| Delete | Ctrl＋D | 清除光标后的一个字符 |
| End | Ctrl＋E | 光标移至行尾 |
| Esc | Ctrl＋U | 清除当前行 |
| Home | Ctrl＋A | 光标移至行首 |
| | Ctrl＋K | 删除至行尾 |

# 1.6.2　文件管理

MATLAB 提供了一组文件管理命令,包括显示文件名、显示或删除文件、显示或改变当前目录等,相关的命令及其功能如表1-3所列。

表 1-3　常用文件管理命令

| 命　令 | 功　能 |
|---|---|
| cd path | 由当前目录进入 path 目录 |
| dir | 显示当前目录下所有文件 |
| delete filename | 删除文件 filename |
| type filename | 在命令行窗口中显示文件 filename |
| what | 显示当前目录与 MATLAB 相关的文件及路径 |
| which | 显示某个文件的路径 |

## 1.7　MATLAB 使用初步

下面介绍一个简单的例子向读者展示如何使用 MATLAB 进行数值运算。

① 双击桌面上的 MATLAB 图标,进入 MATLAB 的主界面。

② 在命令行窗口中输入"x＝exp(1/pi)",按回车键,可以在工作窗口看到变量 x 的大小为 1.374 8。

```
x = exp(1/pi)
x =
    1.3748
```

③ 在命令行窗口中输入"y＝sin(x^2)",按回车键,可以在工作窗口看到变量 y 的大小为 0.949 5。

```
y = sin(x^2)
y =
    0.9495
```

## 习　题

1.1　与其他计算机语言相比,MATLAB 语言突出的特点是什么?

1.2　MATLAB 系统由哪些部分组成?

1.3　存储在工作空间中的数组能编辑吗? 如何操作?

1.4　命令历史窗口除了可以观察前面键入的命令外,还有什么用途?

1.5　在 MATLAB 中有几种获得帮助的途径?

# 第 2 章

## MATLAB 的基本语法

## 2.1 数据类型

MATLAB 中的数据类型主要包含数值类型、字符串、逻辑类型、元胞数组、构架数组和函数句柄。这 6 种基本的数据类型都是按照数组形式存储和操作的。

### 2.1.1 数值类型

基本的数值类型主要有整数、单精度浮点数和双精度浮点数 3 类,如表 2-1 所列。

表 2-1 数值类型数据的分类

| 数据格式 | 示　例 | 说　明 |
|---|---|---|
| int8,uint8<br>int16,uint16<br>int32,uint32<br>int64,uint64 | int8(706) | 有符号和无符号的整数类型;<br>相同数值的整数类型占用比浮点类型更少的内存;<br>除了 int64 和 uint64 类型外的所有整数类型都可以进行数学运算 |
| single | single(245.3) | 单精度浮点类型;<br>相同数值的单精度浮点类型比双精度浮点类型占用内存更少;<br>精度与能够表示的数值范围比双精度浮点类型小 |
| double | 222.33<br>3.000 - 5.000i | 双精度浮点类型,MATLAB 中默认的数值类型 |

MATLAB 中数值类型的数据包括有符号和无符号整数、单精度浮点数和双精度浮点数。在未加说明与特殊定义时,MATLAB 对所有数值按照双精度浮点数类型进行存储和操作。

### 2.1.2 字符串

字符是 MATLAB 中符号运算的基本元素,也是文字等表达方式的基本元素。在 MATLAB 中,字符串作为字符数组用单引号(')引用到程序中,还可以通过字符串运算组成复杂的字符串。字符串数值和数字数值之间可以进行转换,也可以执行字符串的有关操作。字符串的定义有直接输入法、冒号表达式法、组合法和函数法。字符串操作函数和字符型转换函数如表 2-2 和表 2-3 所列。

表 2-2 字符串操作函数表

| 函　数 | 功　能 |
|---|---|
| ischar | 判别变量是否为字符型 |
| blanks(n) | 返回包含有 n 个空格的字符串 |

续表 2 - 2

| 函　数 | 功　能 |
|---|---|
| deblank(str) | 删除字符串中的空格 |
| findstr(str1,str2) | 在 str1 中查找 str2 |
| lower(str) | 转换成小写 |
| upper(str) | 转换成大写 |
| strcmp(str1,str2) | 比较 str1 和 str2,相等返回 1,不等返回 0 |
| strrep(str1,str2,str3) | 用 str3 替代 str1 中所有的 str2 |
| strcmpi(str1,str2) | 忽略大小写比较 str1 和 str2 |
| strncmpi(str1,str2,n) | 比较 str1 和 str2 的前 $n$ 个字符 |
| strmatch(str1,str2) | 从 str2 的各行中查询以 str1 开头的行号 |
| strjust(str,'style') | str 按 style(取 left、right 或 center)进行左对齐、右对齐或居中 |
| strtok(str) | 返回 str 中第一个分隔符(空格、回车或 tab 键)前的部分 |

表 2 - 3　字符型转换函数

| 函　数 | 功　能 | 用　法 |
|---|---|---|
| abs | 字符串转换成 ASCII 码 | abs(字符串) |
| char | 通过 ASCII 码把任意类型的数据转换成字符串 | char(数据量) |
| double | 按字符串转换成 ASCII 码 | double(字符串) |
| int2str | 将整数数组转换成字符串 | int2str(整数数组) |
| mat2str | 将数值数组转换成字符行向量 | mat2str(数值数组,有效数位) |
| num2str | 数字转换成字符串 | num2str(数值数组,有效数位) |
| str2num | 字符串转换成数字 | str2num(字符数组) |

【例 2 - 1 - 1】生成字符串实例。

MATLAB 语句及结果如下:

```
>> str1 = ' Chongqing University',
str2 = ['of','',' posts ','','and','','Telecommu','nication']    %直接输入法
str1 =
 Chongqing University
str2 =
of  posts  and Telecommunication
>> str = [str1,'',str2]                       %组合法
str =
 Chongqing University of  posts  and Telecommunication
>> str3 = ' Don't worry about his'            %字符串中有单引号
str3 =
Don't worry about his
>> str4 = ['a':2:'n']                          %冒号表达式法
str4 =
acegikm
>> str5 = char('MATLAB','及其工程应用')         %函数法
str5 =
MATLAB
及其工程应用
```

## 2.1.3 逻辑类型

逻辑类型的数据是指布尔类型的数据及数据之间的逻辑关系。除了传统的数学运算外，MATLAB还支持关系运算和逻辑运算。关系运算和逻辑运算主要用于控制基于真/假命题的各类MATLAB命令(通常在M文件中)的流程或执行次序。

作为所有关系表达式和逻辑表达式的输入，MATLAB把任何非0数值当做真，把0当做假。所有关系表达式和逻辑表达式，为真则输出为1，为假则输出为0。

MATLAB为关系运算和逻辑运算提供了关系操作符和逻辑操作符，如表2-4和表2-5所列。

**表2-4  关系运算符**

| 运算符 | 函　数 | 说　明 | 运算符 | 函　数 | 说　明 |
|---|---|---|---|---|---|
| < | lt | 小于 | >= | ge | 大于或等于 |
| <= | le | 小于或等于 | == | eq | 等于 |
| > | gt | 大于 | ~= | ne | 不等于 |

**表2-5  逻辑运算符**

| 逻辑运算 | 相应的逻辑运算函数 | 逻辑运算符 | 说　明 |
|---|---|---|---|
| 与 | and | & 能实现所有的逻辑与运算 | 数组对应元素同为非零时返回1；否则返回0 |
| | | && 只能用于标量之间 | 两个标量同为非零时，返回1；否则返回0 |
| 或 | or | \| 能实现所有的逻辑或运算 | 数组对应元素同为零时返回0；否则返回1 |
| | | \|\| 只能用于标量之间 | 两个标量同为零时返回0；否则返回1 |
| 非 | not | ~实现所有的非运算 | 数组元素或标量为非零时返回0；否则返回1 |
| 异或 | xor | 没有相应的运算符 | 数组对应元素或两个标量只有一个非零时返回1；否则返回0 |

【例2-1-2】关系运算和逻辑运算实例。

MATLAB语句如下：

```
A=[1 3;2 4];
B=[0 4;3 2];
C=(A<=B),
D=(A==B),
E=A&B,
F=xor(A,B)
```

运行语句，输出结果如下：

```
C =
     0     1
     1     0
```

```
D =
     0     0
     0     0
E =
     0     1
     1     1
F =
     1     0
     0     0
```

## 2.1.4　元胞数组

　　元胞是元胞数组（CellArray）的基本组成部分。元胞数组与数值数组相似，以下标来区分，单元元胞数组由元胞和元胞内容两部分组成。与一般的数值数组不同，元胞可以存放任何类型、任何大小的数组，而且同一个元胞数组中各元胞的内容可以不同。创建元胞数组有用花括号({})直接赋值生成元胞数组和函数 cell 创建元胞数组这两种方法。元胞数组的运算函数如表 2-6 所列。

表 2-6　元胞数组运算函数

| 函　　数 | 功　　能 |
|---|---|
| celldisp(c) | 显示元胞数组 c 的内容 |
| cellplot(c) | 显示元胞数组 c 的结构图 |
| iscell(c) | 查询 c 是否为元胞数组 |
| iscellstr(c) | 查询 c 是否为字符型元胞数组 |
| cellfun | 应用于元胞数组中的各个元胞元素 |
| cellstr(s) | 用字符数组 s 的行向量作为元胞构成元胞数组 |
| char(c) | 元胞数组 c 中的元胞作为行向量构成字符数组 |
| mat2cell(A,m,n) | 将普通数组 A 按照指定的 m 和 n 参数转换成元胞数组 |
| cell2mat(c) | 将元胞数组 c 转换成普通数组 |
| num2cell(A,dim) | 将数值数组 A 按照指定维方向 dim 转换成元胞数组 |

【例 2-1-3】元胞数组创建与显示实例。

MATLAB 语句如下：

```
a = {'MATLAB 成绩 ',91,['笔试 46';'上机 45']} %用花括号({})直接赋值
a =
    'MATLAB 成绩 '    [91]    [2x4 char]
b = cell(2);b{1,1} = 'class';b{1,2} = 'no020305';
b{2,1} = 'name mary'; b{2,2} = ['Computer is 95'] %函数 cell 创建元胞数组
```

运行语句，输出结果如下：

```
b =
    'class'        'no020305'
    'name mary'    'Computer is 95'
```

19

## 2.1.5 构架数组

与元胞数组相似,构架数组(Structure Array)也能存放各类型数据,使用指针方式传递数值。构架数组由结构变量名和属性名组成,用指针操作符"."连接结构变量名和属性名。例如,可用 parameter. temperature 表示某一对象的温度参数;用 parameter. humidity 表示某一对象的湿度参数等。因此,该构架数组 parameter 由两个属性组成。创建构架数组有直接法和函数法。

【例 2-1-4】直接法创建构架数组实例。

MATLAB 语句如下:

```
student. number = '02110875';
student. name = '王玲';
student. sex = '女';
student. age = '21';
student. class = '03';
student. department = '02';
student
```

运行语句,输出结果如下:

```
student =
        number: '02110875'
          name: '王玲'
           sex: '女'
           age: '21'
         class: '03'
    department: '02'
```

【例 2-1-5】函数法创建构架数组实例。

MATLAB 语句如下:

```
 student = struct ('number','02110875','name','王玲','sex','女','age','21',... 'class','03',
'department','02')
```

运行语句,输出结果如下:

```
student =
        number: '02110875'
          name: '王玲'
           sex: '女'
           age: '21'
         class: '03'
    department: '02'
```

## 2.1.6 函数句柄(function)

引入函数句柄(function)是为了使 feval 及借助于它的泛函指令工作更可靠;特别在反复调用情况下更显效率;使"函数调用"像"变量调用"一样方便灵活;提高函数调用速度,提高软件重用性,扩大子函数和私用函数的可调用范围;迅速获得同名重载函数的位置、类型信息。MATLAB 中函数句柄的使用使得函数也可以成为输入变量,并且能很方便地调用,提高函数的可用性和独立性。函数句柄保留着为该函数创建句柄时的路径、视野、函数名,以及可能存

在的重载方法。创建函数句柄的方法如下：

① 用@：handlef＝@fname。

② 用转换函数 str2func：handlef＝str2func('fname')。

【例 2-1-6】函数句柄实例。

MATLAB 语句如下：

```
fhandle = @sin
y = sin(pi/4);%计算 sin(π/4)的值
yflod = feval(fhandle,pi/4)
```

运行语句,结果如下：

```
@sin
yflod = 0.7071
```

# 2.2    变    量

变量是数值计算的基本单元。与 C 语言等其他高级语言不同,MATLAB 语言中的变量无须事先定义,一个变量以其名称在语句命令中第一次合法出现而定义,运算表达式的变量中不允许有未定义的变量,也不需要预先定义变量的类型,MATLAB 会自动生成变量,并根据变量的操作确定其类型。

## 2.2.1    变量命名的规则

变量命名的规则如下：

① 变量名区分字母的大小写,因此 B 与 b 表示的是不同的变量。

② 变量名只能由字母、数字和下画线组成,且必须以英文字母开头。例如：b,b1,b_1a 都是合法的,而 1b,_b,b.2,{b}都是不合法的。

③ 变量名长度不得超过最大长度限制,超过的部分将被忽略。不同的 MATLAB 版本,变量的最大长度限制是不同的,用户可以使用 namelengthmax 函数得到该用户使用的 MATLAB 版本所规定的变量名长度。

④ 关键字(如 for、end 和 if 等)不能作为变量名。

常量是指那些在 MATLAB 中已预先定义其数值的变量,也称预定义变量。变量命名时应尽量避开这些预定义变量,默认的常量如表 2-7 所列。

表 2-7    MATLAB 常量

| 名　称 | 说　明 | 名　称 | 说　明 |
|---|---|---|---|
| pi | 圆周率 | eps | 浮点数的相对误差 |
| INF(或 inf) | 无穷大 | i(或 j) | 虚数单位,定义为 $\sqrt{-1}$ |
| NaN(或 nan) | 代表非数值量(如 0/0) | nargin | 函数实际输入参数个数 |
| realmax | 最大的正实数 | nargout | 函数实际输出参数个数 |
| realmin | 最小的正实数 | ANS(或 ans) | 默认变量名,以应答最近一次操作 |

## 2.2.2    变量的赋值

变量赋值语句的一般形式为：变量＝数据(或表达式)。例如,在命令行窗口中输入指令：

```
>> a = 3,b = a^2 + 1    % 命令间用逗号间隔
```

按回车键后运行指令,在命令行窗口中显示为

```
a =
3
b =
10
```

说明当在命令间用逗号间隔时,要显示运行指令的结果;当在语句后加上分号时,将不显示运行结果。如在命令行窗口输入:

```
>> a = 3;b = a^2 + 1    % 前面一条语句加上分号
```

按回车键后命令行窗口中显示为

```
b =
10
```

可以通过直接输入变量名查看变量的取值,如:

```
>> a
a =
3
```

当变量再次被赋值时,新值代替旧值:

```
>> a = 23
a =
23
```

标点符号及其作用如表2-8所列。注意:标点符号必须在英文状态下输入。

表2-8　标点符号及其作用

| 名　称 | 标　点 | 作　　用 |
|---|---|---|
| 空格 | | 分隔输入量,分隔同行数组元素 |
| 逗号 | , | 区分列及函数参数分隔符 |
| 分号 | ; | 区分行及取消运行结果显示 |
| 冒号 | : | 具有多种应用功能,如创建矢量、下标数组、指定的迭代等 |
| 注释号 | % | 注释标记 |
| 单引号 | ' ' | 字符串的标识符 |
| 圆括号 | ( ) | 指定运算的优先级 |
| 方括号 | [ ] | 定义矩阵 |
| 花括号 | { } | 构造单元数组 |
| 续行号 | ... | 续行符号 |

**22**

## 2.2.3　MATLAB 变量的显示

任何 MATLAB 语句的执行结果都可以在命令行窗口显示(除图形结果以外),同时赋值给指定的变量。在没有指定变量时,赋值给一个特殊的变量 ans。数据的显示格式由 format 命令控制。format 命令只影响结果的显示,不影响其计算与存储。MATLAB 是以双精度来执行所有的运算。如果结果为整数,则显示没有小数;如果结果不是整数,则输出形式为表 2 - 9 所列的几种形式之一。

**表 2 - 9　MATLAB 的数据显示格式**

| 格　式 | 含　义 | 格　式 | 含　义 |
|---|---|---|---|
| format(short) | 短格式(5 位定点数) | format long e | 长格式 e 方式 |
| format long | 长格式(15 位定点数) | format bank | 2 位十进制格式 |
| format short e | 短格式 e 方式 | format hex | 十六进制格式 |

## 2.2.4　MATLAB 变量的存取

工作空间中的变量可以用 save 命令存储到磁盘文件中。输入命令"save < 文件名 >",将工作空间中全部变量存到"文件名.mat"文件中去,若省略" < 文件名 >",则存入文件"matlab.mat"中;命令"save < 文件名 > < 变量名集 >"将"变量名集"指出的变量存入文件"文件名.mat"中。

用 load 命令可将变量从磁盘文件读入 MATLAB 的工作空间,其用法为"load < 文件名 >",它将"文件名"指出的磁盘文件中的数据依次读入名称与"文件名"相同的工作空间的变量中。若省略" < 文件名 >"则"matlab.mat"从中读入所有数据。

## 2.3　数组及向量运算

MATLAB 中数组(Array)可以说无处不在,任何变量在 MATLAB 中都是以数组形式存储和运算的。根据数组元素个数和排列方式,MATLAB 中的数组可以分为:

① 没有元素的空格数(Empty Arry)。
② 只有一个元素的标量(Scalar),它实际上是一行一列的数组。
③ 只有一行或者一列元素的向量(Scalar),它实际上是一行或一列的数组。
④ 普通的具有多行多列元素的二维数组。
⑤ 超过二维的多维数组(具有行、列、页等多个维度)。

按照数组的存储方式,MATLAB 中的数组可以分为:普通数组和稀疏数组(常称为稀疏矩阵)。稀疏矩阵适用于那些大部分元素为 0,只有少部分非零元素的数组的存储,主要是为了提高数据存储和运算的效率。

### 2.3.1　数组和向量的创建

**1. 直接赋值法**

在 MATLAB 中一般使用方括号([])、逗号(,)或空格、分号(;)来创建数组,方括号中给出数组的所有元素,同一行中的元素间用逗号或空格分隔,不同行之间用分号分隔。

【例 2 - 3 - 1】直接赋值法实例。

MATLAB 语句如下:

```
x = [1 2 3;4,5,6]
```

运行语句,输出结果如下:

```
x =
     1     2     3
     4     5     6
```

### 2. 冒号表达式法

一般表达式为:变量名＝first:increment:last,表示创建一个从 first 开始,到 last 结束,数据元素的增量为 increment 的数组。冒号表示直接定义数据元素之间的增量,而不是数据元素个数。若增量为1,上面创建数组的方式可简写为:first:last。

【例 2-3-2】创建一个从 0 开始,增量为 1,到 5 结束的数组 x。

MATLAB 语句如下:

```
x = 0:1:5  % 和 x = 0:5 作用一样
```

运行语句,输出结果如下:

```
x =
     0     1     2     3     4     5
```

### 3. 利用 MATLAB 函数 linspace 来创建数组

函数 linspace 通过直接定义数据元素个数,而不是数据之间的增量来创建数组。此函数的调用格式为 linspace(first_value,last_value,number)。该调用格式表示创建一个从 first_value 开始,到 last_value 结束,包含有 number 个数据元素的数组。

【例 2-3-3】创建一个从 0 开始,到 5 结束,包含有 6 个数据元素的数组 x。

MATLAB 语句如下:

```
x = linspace(0,5,6)
```

运行语句,输出结果如下:

```
x =
     0     1     2     3     4     5
```

上述三种方法是在 MATLAB 中最常用的创建数组的方法。

### 4. 利用函数 logspace 来创建一个对数分隔的数组

与函数 linspace 一样,函数 logspace 也通过直接定义数据元素个数,而不是数据元素之间的增量来创建数组。函数 logspace 的调用格式为:logspace(first_value,last_value,number),此函数表示创建一个从 $10^{first\_value}$ 开始,到 $10^{last\_value}$ 结束,包含有 number 个元素的数组。

【例 2-3-4】创建一个从 $10^0$ 开始,到 $10^2$ 结束,包含有 5 个数据元素的数组。

MATLAB 语句如下:

```
x = logspace(0,2,5)
```

运行语句,输出结果如下:

```
x =
   1.0000    3.1623   10.0000   31.6228  100.0000
```

以上创建数组的方法主要生成的是行向量的数组,有时还需创建列向量的数组,可以将元素间用分号分隔或者取转置的方式,如 x'。

**5. 组合法**

一个向量和数组或另一向量(同为行或列向量)组合在一起,构成一个新的向量。

【例 2 - 3 - 5】组合法生成向量实例。

MATLAB 语句如下:

```
a = [ 1 2 3 ];b = [ 4 5 ];c = [ a 6 7 b ]
```

运行语句,输出结果如下:

```
c =
     1    2    3    6    7    5
```

**6. 函数法**

MATLAB 提供了许多生成特殊数组的函数,主要的特殊函数如表 2 - 10 所列。

表 2 - 10　数组操作函数

| 函　数 | 语　法 | 说　明 |
|---|---|---|
| eye | eye(n)　eye(m,n) | 生成单位数组 |
| ones | ones(n)　ones(m,n) | 生成元素全为 1 的数组 |
| rand | rand(n)　rand(m,n) | 生成均匀分布的随机数组 |
| randn | randn(n)　randn(m,n) | 生成正态分布的随机数组 |
| zeros | zeros(n)　zeros(m,n) | 生成全零数组 |
| cat | cat(dim,A,B) | 按指定维方向串接数组 |
| diag | diag(v)　diag(v,k)<br>diag(A)　diag(A,k) | 求对角线元素或对角矩阵 |
| flipud | flipud(A) | 以数组水平中线为对称轴,交换上下对称位置上的数组元素 |
| fliplr | fliplr(A) | 以数组垂直中线为对称轴,交换左右对称位置上的数组元素 |
| repmat | repmat(A,m,n) | 按指定维上的数目复制数组 |
| reshape | reshape(A,m,n) | 按指定的行和列重新排列数组 |
| rot90 | rot90(A)　rot90(A,k) | 逆时针旋转数组 90° 的整数倍 |
| tril | tril(A)　tril(A,k) | 提取数组下三角部分,生成下三角矩阵 |
| triu | triu(A)　triu(A,k) | 提取数组上三角部分,生成上三角矩阵 |

【例 2 - 3 - 6】函数法生成数组实例。

MATLAB 语句如下:

```
a = eye(1,2),b = ones(2)
```

运行语句,输出结果如下:

```
a =
     1    0
b =
     1    1
     1    1
```

## 2.3.2　数组的寻址

对数组 A 寻址的指令如下:

A(r,c):表示数组 A 的第 r 行第 c 列的元素。

A(r,:):表示数组 A 的第 r 行元素。

A(:,c):表示数组 A 的第 c 列的元素。

A(s):表示把数组 A 的所有列按先左后右的次序,首尾连接成一个序列后,由上到下的第 s 个元素。

【例 2－3－7】数组的寻址实例。

MATLAB 语句如下:

```
a=[1 2 3;4 5 6];b=a(1,3),c=a(2,:),d=a(3)
```

运行语句,输出结果如下:

```
b =
    3
c =
    4    5    6
d =
    2
```

### 2.3.3 数组的运算

**1. 数组与标量的四则运算**

数组与标量之间的四则运算是指数组中的每个元素与标量进行加、减、乘、除运算。

【例 2－3－8】数组与标量的四则运算实例。

MATLAB 语句如下:

```
x=[1 2 3;4,5,6];
a=2*x+5
b=2*x−5
c=x*2
d=x/2
```

运行语句,输出结果如下:

```
a =
    7     9    11
   13    15    17
b =
   −3    −1     1
    3     5     7
c =
    2     4     6
    8    10    12
d =
   0.5000    1.0000    1.5000
   2.0000    2.5000    3.0000
```

**2. 数组间的四则运算**

在 MATLAB 中,数组间进行四则运算时,参与运算的数组必须具有相同的维数,加、减、乘、除运算是按元素与元素的方式进行的。其中,数组间的加、减运算与矩阵间的加、减运算相同,运算符号为"＋""－";但是,数组间的乘、除运算与矩阵间的乘、除运算完全不同,运算符号为".＊""./"或".\"。注意,运算符中的小点号不能少,否则将不会按数组运算规则进行运算。

【例 2-3-9】数组间的四则运算实例。

MATLAB 语句如下：

```
a=[1 2 3;4,5,6;7 8 9];
b=[3 2 1;6 5 4;9 8 7];
c=a+b
d=a-b
e=a. * b
f=a./b
```

运行语句,输出结果如下：

```
c =
     4     4     4
    10    10    10
    16    16    16
d =
    -2     0     2
    -2     0     2
    -2     0     2
e =
     3     4     3
    24    25    24
    63    64    63
f =
    0.3333    1.0000    3.0000
    0.6667    1.0000    1.5000
    0.7778    1.0000    1.2857
```

由于数组除法运算的特殊性,对数组的除法运算规则总结如下：

① 数组间的除法运算为参与运算的数组对应元素相除,结果数组与参与运算的数组大小相同。

② 数组与标量的运算为数组中的每个元素与标量相除,结果数组与参与运算的数组大小相同。

③ 数组的除法运算符号有两个,即左除号".∕"与右除号".\",它们的关系如下：a./b=b.\a。

**3. 数组的幂运算**

在 MATLAB 中,数组的幂运算与矩阵的幂运算完全不同。数组的幂运算符号为".^"(注意运算符中的小点号),用来表示元素对元素的幂运算。数组的幂运算为数组中各对应元素间的运算。

【例 2-3-10】数组的幂运算实例。

MATLAB 语句如下：

```
a=[1 2 3;4,5,6;7 8 9];
b=[3 2 1;1 3 2;2 3 1];
c=a.^2
d=a.^b
```

运行语句,输出结果如下：

```
c =
     1     4     9
    16    25    36
    49    64    81
d =
     1     4     3
     4   125    36
    49   512     9
```

若您对此书内容有任何疑问,可以登录MATLAB中文论坛与同行们交流。

**4. 数组的指数运算、对数运算与开方运算**

由于在 MATLAB 中,数组的运算实质上是数组内部每个元素的运算,因此数组的指数运算、对数运算与开方运算与标量的运算完全一样,运算函数分别为 exp、log 和 sqrt。

【例 2-3-11】数组的指数运算、对数运算与开方运算实例。

MATLAB 语句如下:

```
a = [3 2 1;1 3 2;2 3 1];
b = exp(a)
c = log(a)
d = sqrt(a)
```

运行语句,输出结果如下:

```
b =
    20.0855     7.3891     2.7183
     2.7183    20.0855     7.3891
     7.3891    20.0855     2.7183
c =
     1.0986     0.6931          0
          0     1.0986     0.6931
     0.6931     1.0986          0
d =
     1.7321     1.4142     1.0000
     1.0000     1.7321     1.4142
     1.4142     1.7321     1.0000
```

## 2.3.4 向量运算

向量的运算主要包括:维数相同的行(列)向量之间的加减,数与向量相加减和乘除,向量的点积、叉积、混合积的运算。

**1. 同维向量的加减**

向量之间相加减,维数必须相同。

**2. 数与向量相加减**

先将数扩展为参与运算向量同维且每一元素都等于该数的向量,再进行加减运算。

**3. 数乘向量**

将数分别与向量的每一元素相乘。

**4. 向量的点积运算**

在高等数学中,向量的点积是指两个向量在其中某一向量方向上的投影的乘积,它通常用来定义向量的长度。

在 MATLAB 中,向量的点积由函数 dot 来实现,函数 dot 的调用格式如下:

① C=dot(A,B):表示返回向量 A 与 B 的点积,结果放在向量 C 中。需说明的是,向量 A 与 B 必须长度相同。另外,当 A 与 B 都是列向量时,dot(A,B)等同于 A' * B。

② C=dot(A,B,DIM):表示返回向量 A 与 B 在维数为 DIM 的点积,结果放在向量 C 中。

**5. 向量的叉积运算**

在高等数学中,向量的叉积返回与两向量组成的平面垂直的向量。在 MATLAB 中,向量的叉积由函数 cross 实现。函数 cross 的调用格式为:C=cross(A,B),表示返回向量 A 与 B 在 DIM 维的叉积。需要说明的是,向量 A 与 B 必须要有相同的大小,size(A,DIM)和 size(B,

DIM)的结果必须为 3。

**6. 向量的混合积运算**

向量的混合积运算由 dot 和 cross 这两个函数共同来实现。

【例 2 - 3 - 12】向量运算实例。

MATLAB 语句如下：

```
a=[1 2 3];b=4;6;c=[3 2 1];
d=a+b
e=a+1
f=2*a
g=dot(a,b)
h=cross(a,b)
i=dot(a,cross(b,c))
```

运行语句,输出结果如下：

```
d =
     5     7     9
e =
     2     3     4
f =
     2     4     6
g =
    32
h =
    -3     6    -3
i =
     0
```

# 2.4　矩阵及其运算

MATLAB 软件的最大特色之一是强大的矩阵计算功能,在 MATLAB 软件中,所有的计算都是以矩阵为单位进行的,可见矩阵是 MATLAB 的核心。在 MATLAB 中,二维数组和矩阵是数据结构完全相同的两种运算量,其表示、建立和存储完全一致,但是运算符和运算法则不相同。

## 2.4.1　矩阵的创建

与创建二维数组一样,建立矩阵的方法有直接输入法、函数法、采用现用矩阵组合及直接建立特殊矩阵等。MATLAB 提供了很多特殊矩阵的生成函数,表 2 - 11 列出了一些常用的生成函数。

【例 2 - 4 - 1】特殊矩阵生成函数使用实例。

MATLAB 语句如下：

```
a=[1,2,3;4,5,6;7,8,9];
b=tril(a)    %生成下三角矩阵
```

运行语句,输出结果如下：

```
b =
     1     0     0
     4     5     0
     7     8     9
```

运行结果是生成了矩阵 b,它是调用下三角矩阵生成函数 tril 生成的矩阵 a 的下三角矩阵。

表 2 - 11　MATLAB 常用特殊矩阵生成函数

| 函　　数 | 功能说明 | 函　　数 | 功能说明 |
|---|---|---|---|
| zeros | 生成元素全为 0 的矩阵 | tril | 生成下三角矩阵 |
| ones | 生成元素全为 1 的矩阵 | eye | 生成单位矩阵 |
| rand | 生成均匀分布随机矩阵 | compang | 生成伴随矩阵 |
| randn | 生成正态分布随机矩阵 | hilb | 生成 Hilbert 矩阵 |
| magic | 生成魔方矩阵 | vander | 生成 Vander 矩阵 |
| diag | 生成对角矩阵 | hander | 生成 Hander 矩阵 |
| triu | 生成上三角矩阵 | handamard | 生成 Handamard 矩阵 |

## 2.4.2　矩阵的运算

### 1. 矩阵的加、减

矩阵的四则运算与前面讲的数组运算基本相同,但也有一些差别。其中,矩阵的加减运算与数组的加减运算完全相同,要求进行运算的两个矩阵的大小完全相同,使用的运算符号也是"+"与"−"。

【例 2 - 4 - 2】矩阵的加、减运算实例。

MATLAB 语句如下:

```
a=[1,2,3;4,5,6];
b=[3,2,1;6,5,4];
c=a+b
d=a−b
```

运行语句,输出结果如下:

```
c =
     4     4     4
    10    10    10
d =
    −2     0     2
    −2     0     2
```

### 2. 矩阵的乘法

设矩阵 $A$ 为一个 $i \times j$ 大小的矩阵,则要求与之相乘的矩阵 $B$ 必须是一个 $j \times k$ 大小的矩阵,此时 $A$ 与 $B$ 矩阵才能进行相乘。矩阵的乘法运算使用的运算符号是"＊"。

【例 2 - 4 - 3】矩阵的乘法运算实例。

MATLAB 语句如下:

```
a=[1 2;3 4;5 6];
b=[2 3 4;5 6 7];
c=a＊b
```

运行语句,输出结果如下:

```
c =
    12    15    18
    26    33    40
    40    51    62
```

若您对此书内容有任何疑问,可以登录MATLAB中文论坛与同行们交流。

当然,矩阵乘法也可以像数组乘法那样进行矩阵元素的相乘,此时要求相乘的两个矩阵大小完全相同,用的运算符号为".＊"。读者请用".＊"运行上述语句,并分析结果。

**3. 矩阵的除法**

在 MATLAB 中,矩阵的除法运算有两个运算符号,分别为左除"\"与右除"/"。矩阵的右除运算速度要慢一点,在进行除法运算时,两个矩阵的维数必须相等。

【例 2 - 4 - 4】矩阵的除法运算实例。

MATLAB 语句如下:

```
a=[1,2;3,4];
b=[3,5;2,9];
div=a/b
```

运行语句,输出结果如下:

```
div =
    0.2941    0.0588
    1.1176   - 0.1765
```

**4. 矩阵与标量的四则运算**

矩阵与标量间的四则运算和数组与标量间的四则运算完全相同,即矩阵中的每个元素与标量进行加、减、乘、除四则运算。需要说明的是,当进行除法运算时,标量只能做除数。

【例 2 - 4 - 5】矩阵与标量的四则运算实例。

MATLAB 语句如下:

```
a=[1 2 3;4 5 6];
b=a+2
c=a/2
```

运行语句,输出结果如下:

```
b =
    3    4    5
    6    7    8
c =
    0.5000    1.0000    1.5000
    2.0000    2.5000    3.0000
```

**5. 矩阵的幂运算**

矩阵的幂运算与数组的幂运算不同,数组的幂运算使用运算符".^",用来表示对数组中的元素进行幂运算。而矩阵的幂运算使用运算符"^",它并不是对矩阵的每个元素进行幂运算,这与矩阵的分解方式有关。这一点需要注意。

【例 2 - 4 - 6】矩阵的幂运算实例。

MATLAB 语句如下:

```
a=[1 2 3;4 5 6;7 8 9];
b=a^2
```

运行语句,输出结果如下:

```
b =
     30     36     42
     66     81     96
    102    126    150
```

若您对此书内容有任何疑问,可以登录MATLAB中文论坛与同行们交流。

### 6. 矩阵的指数运算、对数运算与开方运算

矩阵的指数运算、对数运算与开方运算与数组的指数运算、对数运算、开方运算不同,它并不是对矩阵中单个元素的运算,而是对整个矩阵的运算,这一点与矩阵的幂运算相类似。矩阵的指数运算函数为 expm、expm1、expm2、expm3,矩阵的对数运算函数为 logm,矩阵的开方运算函数为 sqrtm。

【例2-4-7】矩阵的指数运算实例。

MATLAB语句如下:

```
a=[1 2 3;4 5 6;7 8 9];
c=expm(a)
```

运行语句,输出结果如下:

```
c =
 1.0e+006 *
   1.1189    1.3748    1.6307
   2.5339    3.1134    3.6929
   3.9489    4.8520    5.7552
```

## 2.4.3 矩阵的常用函数运算

MATLAB 提供了多种关于矩阵的函数,表2-12列出了一些常用的矩阵运算函数。

表2-12 矩阵运算函数

| 函数名 | 功能说明 | 函数名 | 功能说明 |
| --- | --- | --- | --- |
| rot90 | 矩阵逆时针旋转90° | eig | 计算矩阵的特征值和特征向量 |
| flipud | 矩阵上下翻转 | rank | 计算矩阵的秩 |
| fliplr | 矩阵左右翻转 | trace | 计算矩阵的迹 |
| flipdim | 矩阵的某维元素翻转 | norm | 计算矩阵的范数 |
| shiftdim | 矩阵的元素移位 | poly | 计算矩阵的特殊方程的根 |

【例2-4-8】矩阵函数运算实例。

MATLAB语句如下:

```
a=[1, 2, 3; 4, 5, 6; 7, 8, 9];
[b, c]=eig(a) %求取矩阵的特征值和特征向量
```

通过函数 eig 计算矩阵 a 的特征向量 b 和特征值 c,输出结果如下:

```
b =
  -0.2320   -0.7858    0.4082
  -0.5253   -0.0868   -0.8165
  -0.8187    0.6123    0.4082
c =
  16.1168    0         0
   0        -1.1168    0
   0         0        -0.0000
```

## 2.5 多项式及其运算

多项式运算是数学中最基本的运算之一。在高等代数中,多项式一般可表示为以下形式:

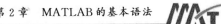

$f(x) = a_0 x^n + a_1 x^{n-1} + a_2 x^{n-2} + \cdots + a_{n-1} x + a_n$。在 MATLAB 中,对于这种表示形式,可用一个行向量来表示,即 $\boldsymbol{T} = [a_0, a_1, \cdots, a_{n-1}, a_n]$,它的系数是按降序排列的。

## 2.5.1　多项式的构造

由于多项式可以直接用向量表示,因此,构造多项式最简单的方法是直接输入向量,用函数 poly2sym 来实现。

【例 2 - 5 - 1】构造多项式实例。

MATLAB 语句如下:

```
T = [2 3 1 0 4 5];
poly2sym(T)
```

运行语句,输出结果如下:

```
ans =
2 * x^5 + 3 * x^4 + x^3 + 4 * x + 5
```

【例 2 - 5 - 2】用多项式的根构造多项式实例。

MATLAB 语句如下:

```
T = [2 3 1 0 4 5];
r = roots(T)
poly(r)
```

运行语句,输出结果如下:

```
r =
    0.7635 + 0.8427i
    0.7635 - 0.8427i
  - 0.9315 + 0.8905i
  - 0.9315 - 0.8905i
  - 1.1641
ans =
    1.0000    1.5000    0.5000    - 0.0000    2.0000    2.5000
```

程序中,函数 roots(T) 用来求多项式的根,函数 poly(r) 用来生成该多项式。

注意:当用根生成多项式时,如果某些根有虚部,由于截断误差的存在,用函数 poly 生成的多项式可能有一些小的虚部。如果要消除这些虚部,只需使用函数 real 抽取实部即可。

## 2.5.2　多项式的运算

多项式的运算主要包括多项式的四则运算(加、减、乘、除)、导数运算、估值运算、求根运算以及多项式的拟合等。

### 1. 多项式的加减运算

多项式的加减运算要求两个相加减的多项式向量的大小必须相等,此时加减法才有效。当两个相加减的多项式阶次不同时,低阶多项式必须用首零填补,使其与高阶多项式有相同的阶次。

【例 2 - 5 - 3】求多项式 $3x^3 + 2x - 5$ 和 $5x + 2$ 的和与差。

MATLAB 语句如下:

若您对此书内容有任何疑问,可以登录 MATLAB 中文论坛与同行们交流。

```
p1 = [3 0 2 -5];
p2 = [0 0 5 2];
T1 = poly2sym(p1 + p2)
T2 = poly2sym(p1 - p2)
```

运行语句,输出结果如下:

```
T1 =
3 * x^3 + 7 * x - 3
T2 =
3 * x^3 - 3 * x - 7
```

### 2. 多项式的乘法运算

多项式的乘法运算用函数 conv(p1,p2)来实现。函数 conv 相当于执行两个数组的卷积。当对多个多项式执行乘法时,要使用函数 conv 来实现。

【例 2-5-4】求【例 2-5-3】中两多项式的乘积。

MATLAB 语句如下:

```
T = conv(p1,p2);
poly2sym(T)
```

运行语句,输出结果如下:

```
ans =
5 * x^4 + 6 * x^3 + 10 * x^2 - 21 * x - 10
```

### 3. 多项式的除法运算

多项式的除法运算用函数 deconv(T1,T2)来实现。函数 deconv 相当于执行两个数组的解卷积。

【例 2-5-5】求【例 2-5-3】中两个多项式的商。

MATLAB 语句如下:

```
p1 = [3 0 2 -5];
p2 = [5 2];
[T r] = deconv(p1,p2)
```

运行语句,输出结果如下:

```
T =
    0.6000   -0.2400    0.4960
r =
    0        0        0      -5.9920
```

其中,T 为多项式相除后的商向量,r 为多项式除法的余数向量。

### 4. 多项式的导数运算

多项式的导数运算即多项式的微分运算,在 MATLAB 中,可用函数 polyder 来实现。

【例 2-5-6】对多项式 $3x^3 + 2x - 5$ 求导数。

MATLAB 语句如下:

```
p1 = [3 0 2 -5];
q = polyder(p1);
poly2sym(q)
```

运行语句,输出结果如下:

```
ans =
9 * x^2 + 2
```

### 5. 多项式的估值运算

多项式的估值运算即求在给定点的多项式函数值,在 MATLAB 中,可用函数 polyval 或 polyvalm 来实现。其中,函数 polyval 的调用格式为 polyval(p,s),p 为多项式,s 为方阵,它是按矩阵运算规则来计算多项式的值。

【例 2-5-7】求多项式 $3x^3 + 2x - 5$ 在给定点 $x = [3\ 5]$ 和 $x = [3\ 5;2\ 4]$ 处的值。

MATLAB 语句如下:

```
p1 = [3 0 2 -5];
h1 = polyval(p1,[3 5])
h2 = polyvalm(p1,[3 5;2 4])
```

运行语句,输出结果如下:

```
h1 =
     82    380
h2 =
    382    715
    286    525
```

### 6. 多项式的求根运算

求解多项式的根实际上是求解一元 $n$ 次方程的解,利用函数 roots 来求多项式的根。

【例 2-5-8】求方程 $f(x) = 3x^3 + 2x - 5$ 的根。

MATLAB 语句如下:

```
p1 = [3 0 2 -5];
h = roots(p1)
```

运行语句,输出结果如下:

```
h =
  -0.5000 + 1.1902i
  -0.5000 - 1.1902i
   1.0000
```

## 2.5.3　多项式拟合

在 MATLAB 中,多项式的拟合可用函数 polyfit 来实现。函数 polyfit 的调用格式如下:

① polyfit(x,y,n):表示用最小二乘法对已知数据 x,y 进行拟合,以求得 n 阶多项式的系数向量,输入参数中的 n 即为要拟合的多项式的阶次。

② [p,s] = polyfit(x,y,n):其中,输入参数 x,y,n 的意义与上面的一样,它返回要拟合的多项式的系数向量 p,向量 s 为使用函数 polyval 获得的错误预估计值。

一般来说,多项式拟合中阶数 n 越大,拟合的精度就越高。

【例 2-5-9】用 5 阶多项式对 $[0,2*pi]$ 上的正弦函数进行拟合。

MATLAB 语句如下:

```
x = 0:pi/100:2 * pi;
y = sin(x);
T = polyfit(x,y,5);
y1 = polyval(T,x);
plot(x,y,'ro',x,y1, 'g-')
```

运行程序,结果如图2-1所示。由图2-1可知,由多项式拟合生成的图形与原始曲线吻合得很好,这说明多项式的拟合效果好。

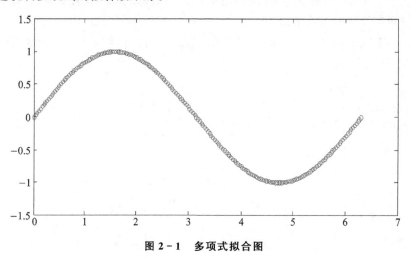

图 2 - 1 多项式拟合图

# 2.6 符号运算

MATLAB 提供的符号数学工具箱(Symbolic Math Toolbox)大大增强了 MATLAB 的功能。符号数学工具箱是操作和解决符号表达式的符号数学工具箱(函数)集合,有复合、简化、微分、积分以及求解代数方程和微分方程的工具,另外还有一些用于线性代数的工具,如求解逆、行列式、正则形式的精确结果,找出符号矩阵的特征值而没有由于数值计算引入的误差。工具箱还支持可变精度运算,即支持符号计算,并能以指定的精度返回结果。

## 2.6.1 基本符号对象

MATLAB 提供了两个建立符号对象的函数:sym 和 syms,两个函数的用法如下:

(1) 函数 sym

函数 sym 用来建立单个符号量,一般调用格式为:符号量名=sym('符号字符串')。该函数可以建立一个符号量,符号字符串可以是常量、变量、函数或表达式。应用函数 sym 还可以定义符号常量。

(2) 函数 syms

sym 函数一次只能定义一个符号变量,使用不方便。MATLAB 提供了另一种函数 syms,一次可以定义多个符号变量。

syms 函数的一般调用格式为:syms 符号变量名 1 符号变量名 2 ... 符号变量名 n,用这种格式定义符号变量时不要在变量名上加字符串分界符('),变量间用空格而不要用逗号分隔。

## 2.6.2  符号表达式

含有符号对象的表达式称为符号表达式,符号矩阵也是一种符号表达式,符号表达式运算都可以在矩阵意义下进行。建立符号表达式有以下 3 种方法:

① 利用单引号来生成符号表达式;

② 用函数 sym 建立符号表达式;

③ 使用已经定义的符号变量组成符号表达式。

符号矩阵的元素可以是任何不带等号的符号表达式,各符号表达式的长度可以不同,矩阵元素之间可用空格或逗号分隔。

【例 2 - 6 - 1】符号对象和符号表达式的创建。

MATLAB 语句如下:

```
syms x y;                         %建立符号变量 x、y
f1 = 3 * x^2 + 2 * y + 4 * x * y + 3      %定义符号表达式 f1
f2 = sym('5 * x^2 + 3 * y + x * y + 1')   %定义符号表达式 f2
A = sym('[a,2 * b;3 * a,0]')      %定义符号矩阵 A
B = f1/2 + 2 * f2 - 5             %求符号表达式的值 B
```

运行语句,输出结果如下:

```
f1 =
    3 * x^2 + 2 * y + 4 * x * y + 3
f2 =
    5 * x^2 + 3 * y + x * y + 1
A =
    [   a, 2 * b]
    [ 3 * a,   0]
B =
    23/2 * x^2 + 7 * y + 4 * x * y - 3/2
```

需要注意的是:符号矩阵的每一行的两端都有方括号,这是与 MATLAB 数值矩阵的一个重要区别。在 MATLAB 中数值矩阵不能直接参与符号运算,必须先通过函数 sym 转化为符号矩阵。

## 2.6.3  符号表达式的运算

符号表达式的四则运算比较简单,常用函数如下:

factor(S):对 S 分解因式,S 是符号表达式或符号矩阵。

expand(S):对 S 进行展开,S 是符号表达式或符号矩阵。

collect(S):对 S 合并同类项,S 是符号表达式或符号矩阵。

collect(S,a):对 S 按变量 a 合并同类项,S 是符号表达式或符号矩阵。

simplify(S):应用函数规则对 S 进行化简。

simple(S):调用 MATLAB 的其他函数对表达式 S 进行综合化简,并显示化简过程。

## 2.6.4  常用的符号运算

常用的符号运算有代数运算、积分和微分运算、极限运算、级数求和、进行方程求解等。读者可通过 MATLAB 的帮助文档或其他关于符号函数工具箱的书籍进行详细学习。

### 1. limit

limit 是求极限的符号函数,其常用的格式为:limit(f, x, a, 'right')或 limit(f, x, a, 'left'),表示当自变量 x 从右侧或左侧逼近 a 时,函数 f 的极值。

### 2. diff

diff 是求微分最常用的符号函数,其输入参数既可以是函数表达式,也可以是符号矩阵。常用的格式为:diff(f, x, n),表示 f 关于 x 求 n 阶导数。

### 3. int

int 是求积分最常用的符号函数,其输入参数可以是函数表达式。常用的格式为:int(f, r, x0, x1)。其中,f 为所要积分的表达式;r 为积分变量;若为定积分,则 x0 与 x1 分别为积分的上下限。

### 4. symsum

symsum 是级数求和的符号函数,其常用的格式为:S = symsum(fk, k, k0, kn)。其中,fk 为级数的通项;k 为级数自变量;k0 和 kn 为级数求和的起始项和终止项,且可设为 inf。

### 5. dsolve

dsolve 是求解常微分方程的符号函数,其常用的格式为:dsolve('eqn1', 'condition', 'var')。该函数求解微分方程 eqn1 在初值条件 condition 下的特解。参数 var 描述方程中的自变量符号,省略时按默认原则处理,若没有给出初值条件 condition,则求方程的通解。

dsolve 在求微分方程组时的调用格式为:dsolve('eqn1', 'eqn2',..., 'eqN', 'condition1', 'condition2'..., 'conditionN', 'var1',..., 'varN')。函数求解微分方程组'eqn1','eqn2',...,'eqnN'在初值条件'conditoion1','conditoion2',...,'conditoionN'下的解,若不给出初值条件,则求方程组的通解,'var1','var2',...,'varN'给出求解变量。

【例 2-6-2】微积分的符号运算实例。

① 已知表达式 $f = \sin(ax)$,分别对 $x$ 和 $a$ 求导。

MATLAB 程序如下:

```
syms a x            %定义符号变量a和x
f = sin(a * x);     %创建函数f
dfx = diff(f,x)     %对x求导
dfa = diff(f,a)     %对a求导
```

运行程序,输出结果如下:

```
dfx =
cos(a * x) * a
dfa =
cos(a * x) * x
```

② 已知表达式 $f = x\log(1+x)$,求对 $x$ 的积分和 $x$ 在 $(-1, 1)$ 上的积分值。

MATLAB 程序如下:

```
f = x * log(1 + x);     %创建函数f
int1 = int(f,x)         %对x积分
int2 = int(f,x, -1,1)   %求[-1,1]区间上的积分
```

运行程序,输出结果如下:

```
int1 =
    1/2 * (1 + x)^2 * log(1 + x) + 3/4 + 1/2 * x - 1/4 * x^2 - (1 + x) * log(1 + x)
int2 =
    1
```

【例 2 - 6 - 3】常微分方程符号运算实例。① 计算微分方程 $\dfrac{\mathrm{d}y}{\mathrm{d}x} + 3xy = x\,\mathrm{e}^{-x^2}$ 的通解。
② 求 $y'' + 2y' + \mathrm{e}^x = 0$ 的通解。

MATLAB 程序如下：

```
f1 = dsolve('Dy + 3 * x * y = x * exp( - x^2)', 'x'),simplify(f1)
f2 = dsolve('D2y + 2 * Dy + exp(x) = 0', 'x'),simplify(f2)
```

运行程序,输出结果如下：

```
f1 =
exp( - x^2) + exp( - 3/2 * x^2) * C1
ans =
exp( - x^2) + exp( - 3/2 * x^2) * C1
f2 =
 - 1/3 * exp(x) + C1 + C2 * exp( - 2 * x)
ans =
1/3 * ( - exp(3 * x) + 3 * C1 * exp(2 * x) + 3 * C2) * exp( - 2 * x)
```

## 2.7  MATLAB 绘图

强大的绘图功能是 MATLAB 的特点之一,MATLAB 丰富的图形表现方法,使得数学计算结果可以方便地、多样性地实现可视化,这是其他语言所不能比拟的。MATLAB 提供强大的绘图命令完成图形以显示向量和矩阵,可绘制相应数据的二维、三维,甚至四维图形,并可以通过对图形的线型、色彩、光线、视角等属性的控制,把数据的内在特征表现得淋漓尽致。

### 2.7.1  MATLAB 绘图的基本步骤

① 准备数据。输入相应的横坐标变量和纵坐标变量数据。
② 绘制图形。在指定的位置创建新的绘图窗口,调用适当的绘图函数进行绘图,并对图形属性进行设置,包括坐标轴标注、线条的颜色、线型等以得到较为理想的图形。
③ 添加图形注释。在完成图表的基础外观并设置坐标轴和网格线属性后,还可以添加一些注释信息,如图形的标题、坐标轴的名称、图例和文字说明等。

### 2.7.2  二维绘图

MATLAB 最常用的二维绘图函数是 plot。该函数将各个数据点用直线连接绘制图形。MATLAB 的其他二维绘图函数中的绝大多数都是以 plot 为基础构造的。函数 plot 可打开一个默认的图形窗口,它还自动将数值标尺及单位标注加到两个坐标轴上。如果已经存在一个图形窗口,函数 plot 将刷新当前窗口的图形。

plot 函数有以下几种常用形式：

**1. 函数 plot(x,y)**

说明:x,y 可以是向量或矩阵。

① 当 x,y 均为向量时,要求向量 x 与向量 y 的长度一致,则 plot(x,y) 绘制出以 x 为横坐标,y 为纵坐标的二维图形。

② 当 x 为向量,y 为矩阵时,用不同颜色的曲线绘制出 y 行或列对于 x 的图形。y 矩阵的行或列的选择取决于 x,y 的维数,若 y 为方阵或 y 矩阵的列向量长度与 x 向量的长度一致,则绘制出 y 矩阵的各个列向量相对于 x 的一组二维图形;若 y 矩阵的行向量长度与 x 向量的长度一致,则绘制出 y 矩阵的各个行向量相对于 x 的一组二维图形。

③ 若 x 为矩阵,y 为向量,则按类似于②的规则处理。

④ 若 x,y 是同维的矩阵,则 plot(x,y) 绘制出 y 列向量相对于 x 的列向量之间的一组二维图形。

【例 2-7-1】x,y 是同样长度的向量,绘制 y 元素对应于 x 元素的曲线图。

MATLAB 语句如下:

```
x = 0:0.01:2 * pi;      % 在[0,2π]区间给出 x 向量,步长 0.01
y = sin(x);             % y 为 x 的正弦曲线函数
plot(x,y)               % 使用默认属性绘制正弦曲线
```

运行语句,得到如图 2-2 所示的结果。

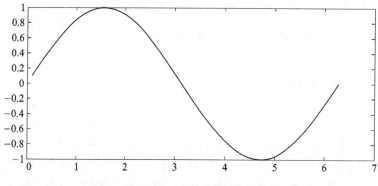

图 2-2    y=sin(x)曲线图(双向量图)

对于②~④的数据情况读者可自己练习。

**2. plot(x)**

说明:x 可以是向量或矩阵。

① 若 x 为向量,则绘制出一个 x 元素和 x 元素排列序号之间关系的线性坐标图。

② 若 x 为矩阵,则绘制出 x 的列向量相对于行号的一组二维图形。

【例 2-7-2】单向量绘图实例。

MATLAB 程序如下:

```
x = [0 0.3 0.5 0.7 0.4 0.7 1.0 1.3 1.5 1.7 1.9 2.1];
plot(x)
```

运行语句,得到如图 2-3 所示的结果。

对于②的数据情况读者可自己练习。

**3. plot(x,y,'参数')**

说明:x,y 可以是向量或矩阵,与 plot(x,y) 函数中 x,y 的说明相同。'参数'选项为一个字符串,它决定了二维图形的颜色、线型及数据点的标记。表 2-13~表 2-15 分别给出颜色、线型和标记的控制字符。

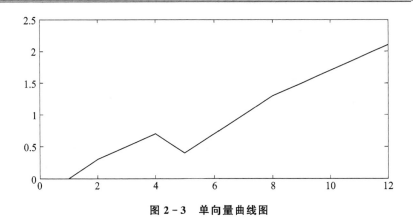

图 2 - 3    单向量曲线图

**注意:**线型、颜色和标记点三种属性的符号必须放在同一个字符串内,属性的先后顺序没有关系,可以只指定一个或两个属性,但同种属性不能同时指定两个。

可以用同一函数在同一坐标系中画多幅图形,例如,x1,y1 确定第一条曲线的坐标值,'参数 1'为第一条曲线的选项参数;x2,y2 为第二条曲线的坐标值,'参数 2'为第二条曲线的选项参数。

表 2 - 13    颜色控制符

| 字　符 | 颜　色 | 字　符 | 颜　色 |
|---|---|---|---|
| b | 蓝色 | m | 品红色 |
| c | 青色 | r | 红色 |
| g | 绿色 | w | 白色 |
| k | 黑色 | y | 黄色 |

表 2 - 14    线型控制符

| 符　号 | 线　型 | 符　号 | 线　型 |
|---|---|---|---|
| — | 实线(默认) | : | 虚线 |
| —. | 点画线 | —— | 双画线 |

表 2 - 15    数据点标记字符

| 控制符 | 标记符 | 控制符 | 标记符 |
|---|---|---|---|
| . | 点 | h | 六角形 |
| + | 十字号 | p | 五角星 |
| o | 圆圈 | v | 下三角 |
| * | 星号 | ^ | 上三角 |
| x | 叉号 | > | 右三角 |
| s | 正方形 | < | 左三角 |
| d | 菱形 | | |

【例 2 - 7 - 3】用不同的线型在同一坐标内绘图实例。

MATLAB 程序如下:

41

```
t = 0:pi/20:2 * pi;
y1 = sin(t);
y2 = cos(t - 0.35);
plot(t,y1,'r:',t,y2,'- b + ')   % y1曲线用红色虚线标识;y2曲线用蓝色实线,数据点用加号标识
```

运行程序,得到如图2-4所示的结果。

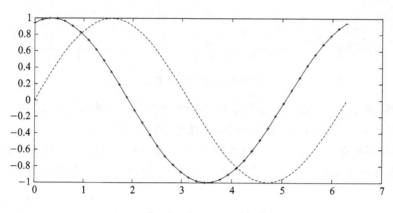

图2-4　同一坐标内的两条曲线

### 2.7.3　图形修饰

绘制好图形后,需要对图形进行标注、说明等修饰性处理,以增加图形的可读性,使之能反映出更多的信息。在 MATLAB 中可以利用 figure 窗口的菜单和工具栏对图形进行标注、修饰等操作。此外,还可以利用 MATLAB 自带的函数来进行图形的修饰。

**1. 选择 figure 窗口的命令**

打开不同的 figure 窗口命令:figure,例如:figure(1)、figure(2)、…、figure(n)。此命令用来打开不同的 figure 窗口,以便绘制不同的图形。

figure 窗口拆分命令:subplot(m,n,p):分割图形显示窗口,m 表示上下分割个数,n 表示左右分割个数,p 表示子图编号。

**2. 坐标轴相关的命令**

在默认情况下,MATLAB 自动选择图形的横、纵坐标的比例,也可以用 axis 命令控制,常用的命令如下:

① axis([xmin xmax ymin ymax]):其中,[xmin xmax ymin ymax]分别给出 x 轴和 y 轴的最大值和最小值。

② axis equal:x 轴和 y 轴的单位长度相同。

③ axis square:图框为方形。

④ axis off:清除坐标刻度。

在某些应用中,还会用到半对数坐标轴,MATLAB 中常用的对数坐标绘制命令如下:

① semilogx:绘制以 x 轴为对数坐标(以 10 为底)、y 轴为线性坐标的半对数坐标图形。

② semilogy:绘制以 y 轴为对数坐标(以 10 为底)、x 轴为线性坐标的半对数坐标图形。

③ loglog:绘制全对数坐标绘图,即 x、y 轴均为对数坐标(以 10 为底)。

### 3．文字标示命令

常用的文字标示命令如下：

① text(x，y，'字符串')：在图形的指定坐标位置(x,y)处标示单引号括起来的字符串。

② gtext('说明文字')：利用鼠标在图形的某一位置标示说明文字。执行完绘图命令后再执行该命令，就可以在屏幕上得到一个光标，然后用鼠标选择说明文字的位置。

③ title('字符串')：在所画图形的最上端显示说明该图形标题的字符串。

④ xlabel('字符串')、ylabel('字符串')：设置 x、y 坐标轴的名称。输入特殊的文字需要用反斜杠(\)开头。

⑤ legend('字符串 1'，'字符串 1'，…，'字符串 n')：在屏幕上开启一个小窗口，然后依据绘图命令的先后次序，用对应的字符串区分图形上的曲线。

### 4．在图形上添加或删除网格命令

常用的网格操作命令介绍如下：

① grid on：给当前坐标系加上网格线。

② grid off：从当前坐标系中去除网格线。

③ grid：交替转换命令，即执行一次，转变一个状态(相当于交替执行 grid on 与 grid off)。

### 5．图形保持或覆盖命令

常用的图形保持和覆盖的命令如下：

① hold on：把当前图形保持在屏幕上不变，同时允许在这个坐标内绘制另一个图形。

② hold off：使新图覆盖旧图。

hold 命令可以保持当前的图形，并且防止删除和修改比例尺。hold 命令是一个交替转换命令，即执行一次，转变一个状态(相当于交替执行 hold on 与 hold off)。

**注意：**

① MATLAB 绘图时，默认的 hold 命令为 hold off，这时的操作会修改图形的属性，因此需要在 plot 之前加上 hold on。

② 对于图形的属性编辑同样可以在 figure 窗口上直接进行，但 figure 窗口关闭之后编辑结果不会保存下来。

【例 2 - 7 - 4】绘制 $[0,4\pi]$ 区间上的 $x1 = 10\sin t$ 和 $x2 = 5\cos t$ 曲线，并要求：

① $x1$ 曲线的线型为点画线，颜色为红色，数据点标记为加号；$x2$ 曲线的线型为虚线，颜色为蓝色，数据点标记为星号；

② 标示坐标轴的显示范围和刻度线，添加栅格线；

③ 标注坐标轴名称、标题和相应文本。

MATLAB 程序如下：

```
t = [0:pi/20:4 * pi];          % 定义时间范围
hold on                        % 允许在同一坐标系下绘制不同的图形
axis([0 4 * pi - 10 10])       % 横轴范围[0,4],纵轴范围[-10,10]
plot(t,10 * sin(t),'r + - .')  % 线形为点画线,颜色为红色,数据点标记为加号
plot(t,5 * cos(t),'b * :')     % 线形为虚线,颜色为蓝色,数据点标记为星号
xlabel('时间 t');   ylabel('幅值 x');
title('简单绘图实例');
legend('x1 = 10sint:点画线 ', 'x2 = 5cost:虚线 ')   % 添加文字标注
gtext(' x1 = 10sint');     gtext('x2 = 5cost');    % 利用鼠标在图形上标示曲线说明文字
grid on       % 在所画出的图形坐标中添加栅格,注意用在 plot 之后
```

若您对此书内容有任何疑问，可以登录MATLAB中文论坛与同行们交流。

运行程序,输出结果如图 2-5 所示。

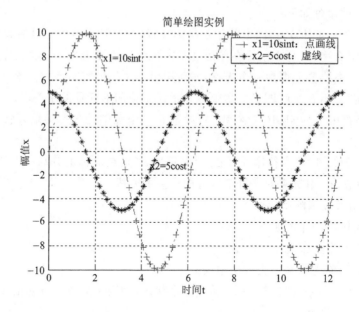

图 2-5　例 2-7-4 的输出图

### 2.7.4　三维绘图

**1. 三维曲线图**

绘制三维图形最常用、最基本的函数是 plot3,该函数将绘制二维图形的函数 plot 特性扩展到了三维空间,它与绘制二维图形的函数 plot 的用法相似,其格式为

plot3(x1,y1,z1,'参数1',x2,y2,z2,'参数2',...) %'参数1'、'参数2'...为颜色、线型、数据点的标记组成的字符串

① 如果 x,y 和 z 是同样长度的矢量,则绘制出一条在三维空间贯穿的曲线。

【例 2-7-5】建立并绘制一条三维曲线。

MATLAB 程序如下:

```
t = 0:pi/100:10 * pi;
x = sin(t);
y = cos(t);
plot3(x,y,t)  % 绘制三维曲线图
```

运行程序,输出结果如图 2-6 所示。

② 如果 x,y 和 z 是 $m\times n$ 阶矩阵,则绘制出 $m$ 条三维空间曲线。

【例 2-7-6】绘制多条三维空间曲线图。

MATLAB 程序如下:

```
[x,y] = meshgrid([-2:0.2:2]);
z = x. * exp(-x.^2 - y.^2);
plot3(x,y,z)
```

运行程序,输出结果如图 2-7 所示。

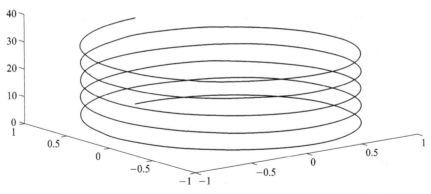

图 2-6　一条三维曲线

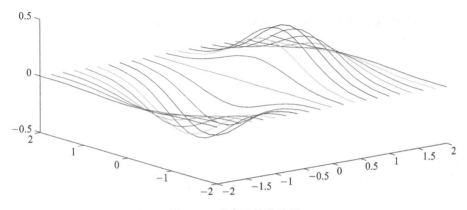

图 2-7　多条三维曲线图

**2. 三维曲面图形**

MATLAB 除了能够绘制曲线图形外,还能绘制网格图和曲面图。

生成三维数据的函数 meshgrid,其用法为:$[X,Y,Z]=$ meshgrid$(x,y,z)$。说明:将向量 $x(1×m)$,$y(1×n)$,$z=(1×k)$ 转换为三维网格数据。$X$,$Y$,$Z$ 分别是三个 $m×n×k$ 阶的矩阵。如果默认了参数 $Z$,则创建二维网格数据。

MATLAB 提供了一些函数,可在三维空间中画函数曲面或网格框架的函数,主要函数如表 2-16 所列。

表 2-16　三维曲面图形函数

| 函数名称 | 命令格式 | 说　明 |
| --- | --- | --- |
| 三维网格曲面 | mesh(x,y,z,c)<br>mesh(x,y,z)<br>mesh(z,c)<br>mesh(z) | 当 x,y 为 $m×n$ 维矩阵时,且 x 矩阵的所有行向量相同,y 矩阵的所有列向量相同时,函数 mesh 将自动执行 meshgrid(x,y),将 x,y 转换为三维网格数据矩阵。z 和 c 分别为 $m×n$ 维矩阵,c 表示网格曲面的颜色分布,若省略,则网格曲面的颜色亮度与 z 方向上高度值成正比;x,y 若均为省略,则三维网格数据矩阵取值 x=1:n,y=1:m |
| 带等高线的三维网格曲面 | meshc(x,y,z,c)<br>meshc(x,y,z)<br>meshc(z,c)<br>meshc(z) | 绘制有等高线(xy 平面)的三维网格曲面。这些函数类似于函数 mesh,不同的是该函数还在 xy 平面上绘制在 Z 轴方向上的等高线 |

| 函数名称 | 命令格式 | 说　明 |
|---|---|---|
| 带底座线的三维网格曲面 | meshz(x,y,z,c)<br>meshz(x,y,z)<br>meshz(z,c)<br>meshz(z) | 绘制带有底座的三维网格曲面。这些函数类似函数 mesh,不同的是该函数还在 xy 平面上绘制曲面的底座 |
| 填充颜色的三维网格曲面 | surf(x,y,z,c)<br>surf(x,y,z)<br>surf(z,c)<br>surf(z) | 函数 mesh 绘制的是连接三维空间的一些四边形所构成的曲面,该曲面只有四边形的边用某种颜色绘出,四边形的内部是透明的。函数 surf 绘制的曲面也由一些四边形构成,不同的是四边形的边是黑色的,其内部用不同的颜色填充 |

二维图形的绘图标识命令都可以应用在三维图形中。

【例 2 - 7 - 7】绘制函数 $Z = \dfrac{\sin\sqrt{x^2 + y^2}}{\sqrt{x^2 + y^2}}$ 的四种三维网格曲面图。

MATLAB程序如下:

```
x = -10:0.5:10;
y = -10:0.5:10;
[X,Y] = meshgrid(x,y);
Z = sin(sqrt(X.^2 + Y.^2))./sqrt(X.^2 + Y.^2);
subplot(221);
mesh(X,Y,Z);
title('普通三维网格曲面');
subplot(222);
meshc(X,Y,Z);
title('带等高线的三维网格曲面');
subplot(223);
meshz(X,Y,Z);
title('带底座的三维网格曲面');
subplot(224);
surf(X,Y,Z);
title('填充颜色的三维网格曲面');
```

运行程序,输出结果如图 2 - 8 所示。

## 2.7.5　特殊图形

在很多工程及研究领域还使用其他一些不同类型的二维、三维特殊图形,通过这些特殊图形的绘制,使用者可以方便地获悉单个数据在整体的数据集中所占的比例、数据点的分布、数据分布的向量信息以及等高线等。

MATLAB 中的常用的特殊图形有:面积图(area)、直方图(hist)、柱状图(bar 或者 bath)、饼图(二维 pie,三维 pie3)、火柴杆图(二维 stem,三维 stem3)、阶梯图(stairs)、误差棒图(errorbar)、向量图(包含罗盘图 compass、羽毛图 feather、向量场图 quiver)、等高线图(contour)、圆柱体图(cylinder)、球面图(sphere)等。这里简单介绍饼图,读者可借助帮助系统或者参考资料详细了解其他图形的绘制。

饼图可以用来显示每一个元素在总体中的比例,MATLAB 中绘制二维饼图的函数是 pie。输入数据个数总和超过 1,pie 函数会自动计算每一数据在总体中的比例;而当输入数据

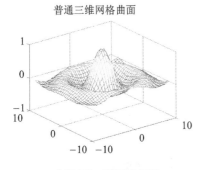
普通三维网格曲面

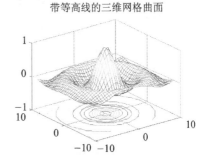
带等高线的三维网格曲面

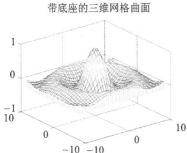
带底座的三维网格曲面

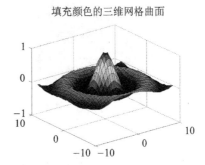
填充颜色的三维网格曲面

图 2 - 8　四种三维网格曲面

总和小于 1 时, pie 只绘制输入数据指定的各部分, 不足 1 的部分空缺处理。

　　三维饼图的绘制函数是 pie3, 用法和函数 pie 类似, 其功能是以三维饼图的形式显示各组所占比例。

　　常用的调用格式为: pie(x), 使用 x 中的数据绘制饼图, x 中的每一个元素用饼图中的一个扇区表示。函数 pie 还有一种调用方式: pie(x, explode), 将一些扇区从饼图中分离出来, explode 为一个与 x 尺寸相同的矩阵, 其非零元素将其所对应的 x 矩阵中的元素从饼图中分离出来。

　　【例 2 - 7 - 8】某工厂在一年中的每季度的四种产品销售额(单位:万元)如表 2 - 17 所列, 绘制每种产品的饼图。

表 2 - 17　每季度的四种产品销售额

万元

| 季　度 | 产品 1 | 产品 2 | 产品 3 | 产品 4 |
|---|---|---|---|---|
| 第一季度 | 52 | 75 | 68 | 88 |
| 第二季度 | 65 | 82 | 46 | 73 |
| 第三季度 | 50 | 89 | 56 | 115 |
| 第四季度 | 72 | 100 | 80 | 140 |

MATLAB 程序如下:

```
X = [52, 75, 68, 88;65,82, 46, 73;50, 89, 56, 115;72, 100, 80, 140];
y = sum(X);      % 计算矩阵每列元素之和
subplot(1,2,1);    % 在第一个区域绘制
pie(y)     % 饼图互不分离
legend('产品 1','产品 2','产品 3','产品 4')     % 对产品添加图例
```

```
subplot(1,2,2);        % 在第二个区域绘制
pie(y,[1,0,1,0]);          % 绘制二维饼图,使第1、3块分离出来
legend('产品1','产品2','产品3','产品4')
```

运行程序,输出结果如图 2-9 所示。

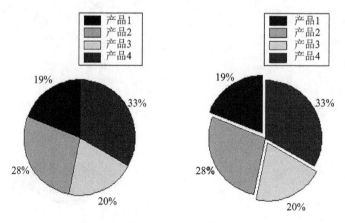

图 2-9 绘制二维饼图

如果要对上面的数据矩阵绘制三维饼图,可使用下面的指令:

```
hold off        % 重新绘制图形
subplot(1,2,1);
pie3(y)         % 三维饼图
subplot(1,2,2);
pie3(y,[0,0,0,1])       % 绘制三维饼图,使第四块分离出来
```

运行程序,输出结果如图 2-10 所示。

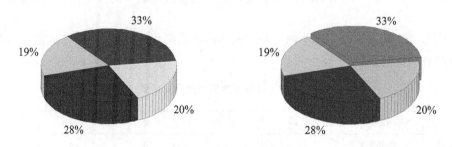

图 2-10 绘制三维饼图

### 2.7.6 四维图形

用函数 mesh 和函数 surf 等指令所绘制的图像,在未给出颜色参量的情况下,图像的颜色是沿着 Z 轴的数据变化的。例如,surf(X,Y,Z)与 surf(X,Y,Z,Z)两个指令的执行效果是相同的。将颜色施加于 Z 轴已经存在,因此它并不提供新的信息,因此为更好地利用颜色,则可以考虑使用颜色来描述不受 3 个轴影响的数据的某些属性。为此,需要赋给三维作图函数的颜色参量所需要的第四维的数据。

如果作图函数的颜色参量是一个向量或矩阵,那么就用作颜色映像的下标。这个参量可以是任何实向量或与其参量维数相同的矩阵。

【例 2-7-9】四维图形的绘制。

MATLAB 程序如下：

```
[X,Y,Z] = peaks(30);        % peaks 为多峰函数,常用于三维曲面的演示
R = sqrt(X.^2 + Y.^2);
subplot(1,2,1);surf(X,Y,Z,Z);
axis tight
subplot(1,2,2);surf(X,Y,Z,R);
axis tight
```

运行程序,输出结果如图 2-11 所示。其中,在坐标系中描述一个面需要三维数据,而另一维数据描述空间中的点的坐标值则使用不同的颜色表现出来:在左图中,第四维数据为 Z;在右图中,第四维数据为 R。在图上可以看到两者的颜色分布发生了明显的变化。

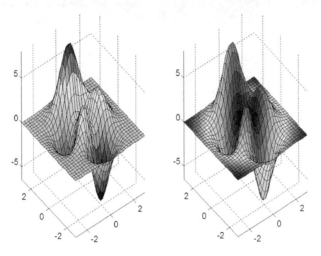

图 2-11　使用颜色描述第四维示例

# 2.8　MATLAB 程序设计

　　MATLAB 语言体系是 MATLAB 的重要组成部分之一,MATLAB 为用户提供了具有条件控制、函数调用、数据输入/输出及面向对象等特性的高层的、完备的编程语言。MATLAB 语言语法简单,程序调试和维护容易,其编程效率远远高于 Basic、Pascal 及 C 语言等高级语言。

　　MATLAB 的工作方式有两种,一种是交互式的指令行操作方式,即用户在命令行窗口中按照 MATLAB 的语法规则输入命令行并按回车键后,系统将执行该命令并即时给出运算结果。该方式已经在第 1 章 1.4.2 小节中做了介绍,它简便易行,非常适合于对简单问题的数学演算、结果分析及测试。但是当要解决的问题变得复杂后,用户将要求系统一次执行多条 MATLAB 语句,显然逐条指令行的交互式人机方式就不再适应大型或复杂问题的解决,这时就要用 MATLAB 的第二种工作方式,即 M 文件的编程工作方式。

　　M 文件的编程工作方式就是用户通过在命令行窗口中调用 M 文件,从而实现一次执行

多条 MATLAB 语句的方式。M 文件是由 MATLAB 语句(命令行)构成的 ASCII 码文本文件,即 M 文件中的语句应符合 MATLAB 的语法规则,且文件名必须以 .m 为扩展名。用户可以用任何文本编辑器来对 M 文件进行编辑。

M 文件的作用是:当用户在命令行窗口中键入已编辑并保存的 M 文件的文件名,按下回车键后,系统将搜索该文件,从而实现用户要求的特定功能。

M 文件又分为 M 命令文件(简称命令文件或脚本文件)和 M 函数文件(简称函数文件)两大类。

## 2.8.1 M 文件编辑器

MATLAB 为用户提供了专用的 M 文件编辑器,如图 2-12 所示,用来帮助用户完成 M 文件的创建、保存及编辑等工作。

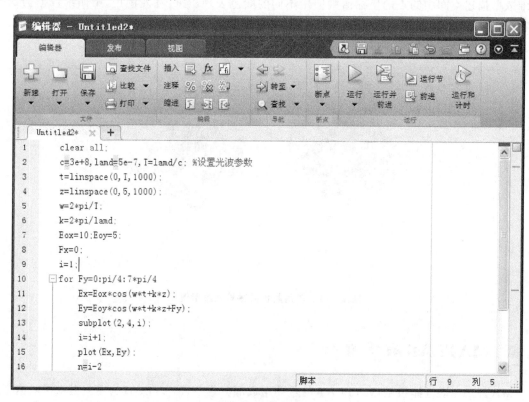

图 2-12 文本编辑窗

(1) 打开 M 文件编辑器创建新 M 文件有如下三种方法:

① 单击 MATLAB 主界面工具栏上的"新建脚本";

② 单击 MATLAB 主界面新建下的"脚本",也可以用快捷键 Ctrl+N 来完成;

③ 在 MATLAB 命令行窗口里运行指令 edit。

(2) 打开已有 M 文件的操作方法如下:

① 单击 MATLAB 命令行窗口工具栏或 M 文件编辑器工具栏上的"打开"按钮,再按照弹出对话框中的提示选择已有的 M 文件;

② 在 MATLAB 命令行窗口里运行指令 edit filename,其中 filename 是已有文件的文件名。

在 M 文件编辑器中,用户可以用创建一般文本文件的方法对 M 文件进行输入和编辑。M 文件编辑器窗口会以不同的颜色显示注释、关键词、字符串和一般程序代码;可以方便地打开和保存 M 文件并进行编辑,编辑功能包含大多数编辑器都有的复制、粘贴、剪切等;在 M 文件编辑器中还可以进行程序的调试;程序调试后单击运行选项的三角图形可以运行程序,程序运行的结果及存在的问题都显示在 MATLAB 的命令行窗口中。运行程序还可以单独运行节,也可以运行代码的同时测量执行时间以便改善性能。

用户通过在 MATLAB 命令行窗口中键入 M 文件的文件名并按下回车键来执行 M 文件中的命令。当用户在命令行窗口中键入 M 文件的文件名并按下回车键后,系统先搜索该文件,若该文件存在,则以解释方式按顺序逐条执行 M 文件的语句。此时,应注意所要执行的文件是否存放在当前的工作目录下,如果不是,就要先改变当前的工作目录,然后再键入所要执行的 M 文件的文件名。

## 2.8.2　命令文件

命令文件是 M 文件的类型之一,是由 MATLAB 的语句构成的 ASCII 码文本文件,扩展名为.m。运行命令文件的效果等价于从 MATLAB 命令行窗口中顺序逐条输入并运行文件里的指令。在程序设计中,命令文件常作为主程序来设计。命令文件的特点如下:

① 命令文件中的命令格式和前后位置与在命令行窗口中输入的没有任何区别。

② MATLAB 在运行命令文件时,只是简单地按顺序从文件中读取一条条命令,送到MATLAB 命令行窗口中去执行。

③ 命令文件可以访问 MATLAB 当前工作空间中的所有变量和数据。

④ 命令文件运行过程中创建或定义的所有变量都被保留在工作空间中,工作空间中其他命令文件和函数可以共享这些变量。用户可以在命令行窗口访问这些变量,并用"who"和"whos"命令对其进行查询,也可用"clear"命令清除。所以,要注意避免变量的覆盖而造成程序出错。

⑤ 命令文件一般用 clear、close all 等语句开始,清除掉工作空间中原有的变量和图形,以避免其他已执行的程序残留数据对本程序的影响。下面的程序为命令文件的实例。

【例 2-8-1】M 文件创建实例。建立一个 M 文件,求半径为 $r$ 的圆的面积和周长。

首先,打开 M 文件编辑器,输入以下命令:

```
clear  % 清变量
r = input('请输入圆的半径 r = ');
area = r * r * pi
perimeter = 2 * pi * r
```

然后,保存文件名为"ex_2_8_1.m"即完成了文件的建立。

在 MATLAB 的命令行窗口中输入"ex_2_8_1"将会执行该 M 文件。

```
>> ex_2_8_1
  请输入圆的半径 r = 7
```

得到的结果如下:

```
area =
    153.9380
perimeter =
    43.9823
```

在运行该程序时一定要注意文件所在的目录与当前目录必须一致,否则系统会搜索不到该程序文件而无法执行。

### 2.8.3 函数文件

函数文件是 M 文件的另一种类型,它也是由 MATLAB 语句构成的 ASCII 码文本文件,扩展名为.m。用户可用前述的 M 文件的创建、保存及编辑的方法来进行函数文件的创建、保存与编辑,但特别需要注意以下几点:

① 函数文件必须以关键字"function"开头。

② 函数文件的第一行为函数说明语句,其格式为:function[输出变量列表]=函数名(输入变量列表),其中,函数名为用户自己定义的函数名(与变量的命名规则相同)。

③ 函数文件在运行过程中产生的变量都存放在函数本身的工作空间,当文件执行完最后一条命令或遇到"return"命令时,就结束函数文件的运行,同时函数工作空间的变量被清除。

④ 用户可通过函数说明语句中的输出变量列表和输入变量列表来实现函数参数的传递。输出变量列表和输入变量列表不是必需的。下面举例说明函数文件的调用和参数传递的过程。

【例 2-8-2】M 函数文件创建实例。建立一个 M 函数文件,将变量 a,b 的值互换。

首先,打开 M 文件编辑器,输入以下程序:

```
function [a,b] = change(x,y)
a = y
b = x
```

然后,以文件名"change.m"保存文件即完成了文件的建立。用户在命令行窗口中可通过如下指令调用该函数:

```
>> change (4,7)
```

得到的结果如下:

```
a =
7
b =
4
```

### 2.8.4 M 文件的规则

① M 函数文件的函数名与文件名必须相同。

② M 命令文件没有输入参数与输出参数,而 M 函数文件有输入参数与输出参数。

③ 在 M 文件中,到第一个非注释行为止的注释行是帮助文本,当需要帮助时,返回该文本。

④ 函数可以有零个或多个输入变量,也可以有零个或多个输出变量。对函数进行调用时,可以少于 M 文件中规定的输入与输出变量个数,但不能多于 M 文件中规定的输入与输出变量个数。当函数有一个以上的输出变量时,输出变量包含在括号内。

### 2.8.5 全局变量与局部变量

通常,函数文件中每个函数体内都有自己定义的变量,不能从其他函数和 MATLAB 工作空间访问这些变量,这些变量即是局部变量。它们与其他函数变量是相互隔离的,即变量只在函数内部起作用,在该函数返回之后,这些变量会自动在 MATLAB 的工作空间中清除掉。函数文件中除输入和输出变量以外,所有变量都是局部变量。

命令文件中的变量是全局变量,工作空间的所有命令和函数都可以直接访问这些变量。

全局变量就是用关键字"global"声明的变量。全局变量名尽量大写,并能够反映它本身的含义。

如果需要在几个函数中和 MATLAB 工作空间都能访问一个全局变量,那么必须在每个函数中和 MATLAB 工作空间内都声明该变量为全局变量。

全局变量需要在函数体的变量赋值语句之前说明,整个函数以及所有对函数的递归调用都可以利用全局变量。

全局变量一般在 M 函数的开头定义,命令形式为:global A B C。不同的全局变量名用空格隔开。"global"命令应当在工作空间和 M 函数中都出现,如果只在一方出现,则不被承认为全局变量。另外,在 MATLAB 中对变量名是区分大小写的,因此,在程序中为了不与普通变量相混淆,习惯上将全局变量用大写字母表示。

【例 2 - 8 - 3】全局变量应用实例。

```
% 创建函数文件 mean1.m。
function s = mean1 % MATLAB 函数文件 mean1.m
global BEG END % 说明全局变量 BEG 和 END
k = BEG:END; % 由全局变量 BEG 和 END 创建向量 k
s = sum(k); % 对向量元素值求和
```

该函数是一个只有输出变量而无输入变量的函数,用户可以通过下面一系列命令来调用该函数。

```
>> global BEG END      % 在 MATLAB 工作空间里定义 BEG 和 END 为全局变量
>> BEG = 1; END = 10;
>> s1 = mean1      % 调用函数 mean1
s1 =
55
>> BEG = 1; END = 20;
>> s2 = mean1      % 调用函数 mean1
s2 =
210
```

**注意:**实际编程中,应尽量避免使用全局变量,因为全局变量的值一旦在一个地方被改变,那么在其他包括该变量的函数中都将改变,这样就可能会出现不可预见的情况。如果需要用全局变量,建议全局变量名要长,能反映它本身的含义,并且最好所有字母都大写,并有选择地以首次出现的 M 文件的名字开头。

## 2.8.6　程序流控制

和各种常见的高级语言一样,MATLAB 也提供了多种经典的程序结构控制语句。MAT-LAB 中的程序流程控制语句有:分支控制语句(if 结构和 switch 结构)、循环控制语句(for 循环、while 循环、continue 语句和 break 语句)和程序终止语句(return 语句),下面分别进行介绍。

### 1. 分支控制语句

分支控制语句可以使程序中的一段代码只在满足一定条件时才执行,因此也称为分支选

择。MATLAB中分支控制语句有两类:if 语句和 switch 语句。

① if 与 else 或 elseif 连用,偏向于是非选择,当某个逻辑条件满足时执行 if 后的语句,否则执行 else 语句。

② switch 和 case、otherwise 连用,偏向于情况的列举,当表达式结果为某个或某些值时,执行特定 case 指定的语句段,否则执行 otherwise 语句。

if 结构的语法形式如下:

```
if   logical_expression
    statements1
elseif   logical_expression
  statements
else
    statements
end
```

其中,elseif 和 else 语句都是可选语句。if、elseif 和 else 构成的各项分支里面,哪个的条件满足(逻辑表达式 logical_expression 的结果为真),就执行哪个分支后面紧跟的程序语句。因此,各个分支条件满足的情况应该是互斥的和完全的,也就是被选的条件在一个分支中成立,而且只能在一个分支中成立。当然,如果省略了 elseif 和 else 分支的语句,就不必要求分支条件满足的情况具备完全性了。

if 结构中的条件判断除了可以用逻辑表达式外,还可以用数组 A,这时判断相当于逻辑表达式 all(A),即当数组 A 的所有元素都为非零值时,才执行该条件后的分支代码。

特别地,当数组 A 为空数组时,相当于该条件判断为假。

switch 结构的语法形式如下:

```
switch expression(scalar or string)
case valuel
  statements
case value2
    statements
……
otherwise
statements
end
```

执行 switch 结构时,先计算表达式 expression 的值,当结果等于某个 case 的 value 时,就执行该 case 紧随的语句。如果所有的 case 的 value 都和 expression 计算结果不相等,则执行 otherwise 后面紧随的语句。

otherwise 语句是可选的,当没有 otherwise 语句时,如果所有 case 的 value 都和 expression 计算结果不相等,则跳过 switch - case 语句段,直接执行后续代码。

"相等"的意义,对于数值类型来说,相当于判断"if result=value";对于字符串类型来说,相当于判断"if strcmp(result, value)"。

由此可见,switch - case 语句只执行表达式结果匹配的第一个 case 分支,然后就跳出 switch - case 结构。因此,在每一个 case 语句中不需要用 break 语句跳出。

如果要在一条 case 语句后列举多个值,只需要以元胞数组的形式列举多个值,也就是用花括号把用逗号或空格分隔的多个值括起来即可。

**2. 循环控制语句**

循环控制语句能够使某段程序代码多次重复执行, MATLAB 中提供了两类循环控制语句, 分别是 for 循环和 while 循环:

(1) for 循环

for 循环用于已知循环次数的情况, 其语法格式如下:

```
for index = start:increment:end
statements
end
```

其中, index 为循环变量, increment 为增量, end 用于判断循环是否应该终止。增量 increment 默认值是 1, 可以自由设置。当增量为正数时, 循环开始先将 index 赋值为 start, 然后判断 index 是否小于或等于 end, 若是, 则执行循环语句, 执行后, 对 index 累加一个增量 increment; 再判断 index 是否小于或等于 end, 若是, 则继续执行循环语句, 并继续对 index 累加, 循环往复, 直到 index 大于 end 时退出循环。

增量 increment 也可以设置为负整数, 表示每次循环执行后对循环变量 index 进行递减, 当 index 小于 end 时, 退出循环。

for 循环中的循环变量 index 也可以赋值为数组 A, 那么在第一次循环中 index 就被赋值为 A(:,1), 即 A 的第一列元素, 第二次循环 index 被赋值为 A(:,2), 以此类推, 若 A 有 n 列元素, 则循环执行 n 次, 第 n 次循环时, 循环变量 index 被赋值为 A(:,n)。

(2) while 循环

while 循环用于已知循环退出条件的情况, 其语法形式如下:

```
while expression
      statements
end
```

当表达式 expression 的结果为真时, 就执行循环语句, 直到表达式 expression 的结果为假, 才退出循环。

如果表达式 expression 是一个数组 A, 则相当于判断 all(A)。特别地, 空数组被当做是逻辑假, 循环停止。

**3. 流程控制命令**

在执行主程序文件时, 往往还希望在适当的地方对程序的运行进行观察或干预, 这时就需要流程控制命令。在调试程序时, 还需要人机交互命令, 所以有些流程控制命令是人机交互式的。流程控制命令如表 2 - 18 所列。

表 2 - 18　流程控制命令

| 命　令 | 说　　明 |
|---|---|
| ^C | 强行停止程序运行 |
| break | 终止执行循环 |
| continue | 结束本次循环而继续进行下次循环 |
| disp(A) | 显示变量 A 的内容 |

续表 2 - 18

| 命　令 | 说　明 |
| --- | --- |
| echo on(off) | 显示程序内容(不显示程序内容,此为缺省情况) |
| input('提示符') | 程序暂停,显示'提示符',等待用户输入数据 |
| keyboard | 暂时将控制权交给键盘(键入字符串 return 退出) |
| pause(n) | 暂停 n 秒;若无 n,表示暂停,直至用户按任意键 |
| return | 终止当前命令的执行,返回到调用函数 |
| waitforbuttonpress | 暂停,直至用户按鼠标键或键盘键 |

### 2.8.7　程序设计举例

【例 2 - 8 - 4】编写 M 文件,分别用 if 和 swich 分支语句实现将百分制的学生成绩转换为五分制输出。

(1) if 语句

打开 M 文件编辑器,输入以下程序,然后保存并运行该程序。

```
clear
n = input('输入 n = ')
if   n> = 90
chji = '优秀'
elseif n> = 80
chji = '良好'
elseif   n> = 70
chji = '中等'
 elseif   n> = 60
chji = '及格'
else
chji = '不及格'
end
```

测试运行此程序,当输入 n＝85 时,得到:

```
chji=良好
```

(2) swich 语句

打开 M 文件编辑器,输入以下程序,然后保存并运行该程序。

```
clear
n = input('输入 n = ')
switch   fix(n/10)
 case   {10,9}
chji = '优秀'
 case   8
chji = '良好'
 case   7
chji = '中等'
 case   6
chji = '及格'
 otherwise
chji = '不及格'
end
```

测试运行此程序,当输入 n=72 时,得到:

chji＝中等

【例 2-8-5】编写 M 文件,分别实现用 for 和 while 循环语句求 1 到 100 的和。

(1) for 循环语句

打开 M 文件编辑器,输入以下程序,然后保存并运行该程序。

```
sum = 0;
for i = 1:1:100
sum = sum + i;
end
sum
```

运行程序,输出结果如下:

sum = 5050

(2) while 循环语句

打开 M 文件编辑器,输入以下程序,然后保存并运行该程序。

```
sum = 0;
i = 1;
while (i< = 100)
sum = sum + i;
i = i + 1;
end
    sum
```

运行程序,输出结果如下:

sum = 5050

【例 2-8-6】编写 M 文件,等待键盘输入某一区间数,并显示这个区间中的第一个 37 的整数倍的数。

打开 M 文件编辑器,输入以下程序,然后保存并运行该程序。

```
n1 = input('请输入起始数 n1 = ');
n2 = input('请输入终止数(大于 37)n2 = ');
for n = n1:n2
if rem(n,37)~ = 0
        continue
end
break
end
n
```

测试运行此程序,分别输入 n1、n2 的数值:

请输入起始数 n1 = 100
请输入终止数(大于 37)n2 = 370

得到 100～370 区间中的第一个 37 的整数倍的数:

n =
      111

【例2-8-7】编制一个解数论问题的函数文件:取任意整数,若是偶数,则用2除,否则乘3加1,重复此过程,直到整数变为1。

打开M文件编辑器,输入以下程序,然后保存并运行该程序。

```
function x = collatz(n)
    % 有关"3n+1"的解数论问题
c = n;
while n>1
    if rem(n,2) == 0
        n = n/2;
    else
        n = 3 * n + 1;
    end
    c = [c n]
end
c
```

测试运行此程序:

① 当 n 为偶数时,如 n=4,即在 MATLAB 的 Command window 中输入:collatz(4),得到如下结果:

```
c =
    4    2    1
```

② 当 n 为奇数时,如 n=5,得到如下结果:

```
c =
    5   16    8    4    2    1
```

## 2.8.8　程序设计的基本原则

MATLAB 程序设计的基本原则如下:

① 百分号"%"后面的内容是程序的注解,要善于用注解使程序更具可读性。

② 养成在主程序开头用 clear 命令清除变量的习惯,以消除工作空间中其他变量对程序运行的影响,但注意在子程序中不要用 clear。

③ 参数值要集中放在程序的开始部分,以便维护。要充分利用 MATLAB 工具箱提供的命令来执行所要进行的运算,在语句行之后输入分号使其及中间结果不在屏幕上显示,以提高执行速度。

④ input 命令可以用来输入一些临时的数据;而对于需要输入的大量参数时,则要建立一个存储参数的子程序,在主程序中调用子程序来输入这些参数。

⑤ 程序尽量模块化,即采用主程序调用子程序的方法,将所有子程序合并在一起来执行全部的操作。

⑥ 充分利用 Debugger 来进行程序的调试(设置断点、单步执行、连续执行),并利用其他工具箱或图形用户界面(GUI)的设计技巧,将设计结果集成到一起。

⑦ 设置好 MATLAB 的工作路径,以便程序运行。

## 2.8.9　高效编程的一般思路

MATLAB 意为矩阵实验室,与其他语言的不同之处就在于它以矩阵作为基本的运算单元。在用 MATLAB 编程的过程中,如果程序中嵌套了多重 for 循环语句,则容易出现运行时间长、处理效率低等问题。本小节将介绍通过去除不必要的 for 循环来提高 MATLAB 程序运算效率的具体方法。

下面以一个具体的例子来讲解如何减少 for 循环实现高效编程。

【例 2-8-8】利用 rand 函数生成一个 $1\,000 \times 1\,000$ 的随机矩阵,将矩阵中小于 0.5 的数变为 0,大于或等于 0.5 的数变为 1,并计时。

```
tic
A = rand(1000);
for n = 1:1000
    for m = 1:1000
if A(m,n)<0.5
A(m,n) = 0;
        else
A(m,n) = 1;
        end
    end
end
toc
```

通过计时可以在命令行窗口看出,完成上面这个程序运算的时间约为 0.15 s。现在对此程序进行优化,减少不必要的 for 循环,运用矩阵的思想进行新的程序设计。优化后的程序如下:

```
tic
A = rand(1000);
A(A<0.5) = 0;
A(A> = 0.5) = 1;
toc
```

运行上述优化后的程序,可以在命令行窗口看见运算时间约为 0.06 s。对比优化之前的运算时间可以看出,运算效率提高了约 3 倍,达到了程序优化的目的。

# 习　题

2.1　定义变量 a 是 $3 \times 3$ 的全 0 数组,访问其第 2 行第 3 列的元素,并将值改为 1。

2.2　生成两个向量[3 7 −4]和[5 9 6],计算它们的和、点积和叉积。

2.3　生成一个 $4 \times 4$ 的正态分布随机数组,求其对角线元素的和。

2.4　生成一个 $3 \times 5$ 的均匀分布随机数组,将其第 2 行元素加 1,并将数组元素与 0.4 比大小。

2.5　创建一个 $10 \times 10$ 的方阵,其对角元素为 3,其他元素均为 5。

2.6　求矩阵 $A = [2\ \ 5\ \ 6;1\ \ 3\ \ 7;1\ \ -3\ \ -8]$ 的行列式的值、转置、逆矩阵、秩、迹、特征值和特征向量。

2.7　设有两个多项式 $f(x) = 3x^3 + 4x^2 + 5x + 7$ 及 $g(x) = 2x^2 - 4x + 5$,要求对此两个多项式作如下运算:

①　多项式相乘;

②　多项式相加;

③ 多项式相除。

2.8 编制程序完成下面的运算:$1-\dfrac{1}{2}+\dfrac{1}{3}-\dfrac{1}{4}+\cdots+\dfrac{1}{99}-\dfrac{1}{100}$。

2.9 编制程序计算序列:$\dfrac{2}{1},\dfrac{3}{2},\dfrac{5}{3},\dfrac{8}{5},\dfrac{13}{8},\dfrac{21}{13},\cdots$前 30 项之和。

2.10 设 $y=\sin x\left(1+\dfrac{\cos x}{1+x^2}\right)$,在 $x=0\sim2\pi$ 间均匀的插入 103 个点,画出以 $x$ 为横坐标、$y$ 为纵坐标的曲线。

2.11 在 MATLAB 中实现以下计算:

① $\displaystyle\sum_{x=1}^{30} x^2$

② $\displaystyle\sum_{n=1}^{\infty}\left(\dfrac{1}{n^2+1}\ \dfrac{1}{n+1}\right)$

③ $\displaystyle\lim_{x\to0}\dfrac{\sin x}{x}$

④ $\displaystyle\lim_{y\to0}\dfrac{\sin(x+y)+\sin x}{y}$

⑤ $\displaystyle\lim_{x\to0}x\,\mathrm{e}^{\frac{1}{x^2}}$

⑥ $\displaystyle\lim_{x\to\infty}\left(\dfrac{x}{3x+1}\right)^{x+1}$

⑦ $\displaystyle\int\dfrac{1}{x^2+1}\mathrm{d}x$

⑧ $\displaystyle\int_0^1 x\log(x+1)\mathrm{d}x$

⑨ $\displaystyle\int_0^1\int_{\sqrt{x}}^{x}\int_{\sqrt{xy}}^{xy}(x^2+y^2+z^2)\mathrm{d}z\,\mathrm{d}y\,\mathrm{d}x$

2.12 在同一张图上绘制 $y=\cos x$ 和 $y=\mathrm{e}^x+1$ 在区间 $-2\leqslant x\leqslant2$ 上的图形。使用不同的线型和图注区分曲线,并标注坐标轴。

2.13 分别作函数 $y=3\mathrm{e}^x$ 的双对数坐标和 $y$ 轴对数坐标图。

2.14 设 $y=\sin x\left(x-\dfrac{\cos x}{x^2+3x+1}\right)$,把 $x=[0,2\pi]$ 区间分成 250 点,画出以 $x$ 为横坐标,$y$ 为纵坐标的曲线。

2.15 设 $x=z\sin3z$,$y=z\cos3z$,要求在 $-20\sim20$ 区间内画出 $x$、$y$、$z$ 三维曲线。

2.16 画出函数 $z=\sqrt{2x^2+3y^2}$ 的图形,$x\in[-2,2]$,$y\in[-2,2]$。

2.17 计算 0 到 100 之间的奇数的余弦值并存储。

2.18 分别利用 for 和 while 循环语句编制程序求:$\mathrm{sum}=\displaystyle\sum_{i=1}^{1\,000}(x_i^2-x_i)$,当 sum$>$500 时停止运算。

2.19 写出下面程序运行的结果。

```
x(1) = 1
for i = 2:7
    x(i) = 3 * x(i - 1);
end
x
```

2.20　找出下面程序的错误。

```
m = 0;
n = 1;
while (m< = 100)
    x = n^2 - 2n;
    m = m + x;
    n = n + 1;
    m, n
```

2.21　M 命令文件与函数文件的主要区别是什么？分别编写 M 命令文件与 M 函数文件来实现分段函数：

$$y = \begin{cases} x + 4, & x \leqslant -1 \\ 2x^2 + 5x + 3, & -1 < x < 1 \\ 3x^3 + x^2 + 7, & x \geqslant 1 \end{cases}$$

# 参考文献

[1] 刘浩,韩晶. MATLAB R2016a 完全自学一本通[M].北京:电子工业出版社,2016.

[2] 赵广元. MATLAB 与控制系统仿真实践[M].北京:北京航空航天大学出版社,2012.

[3] 孙绪保. 光学实验与仿真[M].北京:北京航空航天大学出版社,2009.

[4] 敬照亮. MATLAB 教程与应用[M].北京:清华大学出版社,2011.

[5] 陈怀琛. MATLAB 及在电子信息课程中的应用[M].4 版.北京:电子工业出版社,2013.

[6] 唐向宏. MATLAB 及在电子信息类课程中的应用[M].北京:电子工业出版社,2011.

若您对此书内容有任何疑问，可以登录MATLAB中文论坛与同行们交流。

# 第二部分　应用篇

# 第 3 章
## MATLAB 在光学原理中的应用举例

## 3.1 平面电磁波在不同媒介分界面上的入射、反射和折射

光在介质界面上的反射和折射特性与电矢量的振动方向密切相关。由于平面光波的横波特性,电矢量可在垂直传播方向的平面内的任意方向上振动,而它总可以分解成垂直于入射面振动的分量和平行于入射面振动的分量,$p$ 和 $s$ 分别表示有关各量的平行分量与垂直分量,$p$ 分量、$s$ 分量和传播方向三者构成右手螺旋关系。一旦这两个分量的反射、折射特性确定,则任意方向上的振动的光的反射、折射特性也即确定。菲涅耳公式就是确定这两个振动分量反射、折射特性的定量关系式。

### 3.1.1 电矢量平行入射面的反射系数和振幅透射系数

图 3 - 1 所示是对电矢量平行入射面时光波在两介质面上的反射和折射情况。两介质的折射率分别为 $n_1$ 和 $n_2$,入射面位于 $Oxy$ 平面,介质位于 $Oxz$ 平面时的反射系。

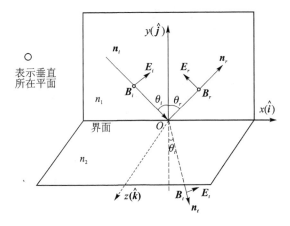

**图 3 - 1  电矢量平行入射面时光波在两介质面上的反射和折射**

经过理论推导,得到反射系数为

$$r_p = \frac{n_2 \cos \theta_i - n_1 \sqrt{1 - (n_1/n_2)^2 \sin^2 \theta_i}}{n_2 \cos \theta_i + n_1 \sqrt{1 - (n_1/n_2)^2 \sin^2 \theta_i}} \qquad (3-1)$$

振幅透射系数为

$$t_p = \frac{2n_1 \cos \theta_i}{n_2 \cos \theta_i + n_1 \sqrt{1 - (n_1/n_2)^2 \sin^2 \theta_i}} \qquad (3-2)$$

这就是平面光波的电矢量平行入射面的情况下的菲涅耳公式。

## 3.1.2　电矢量垂直入射面

图 3-2 所示是电矢量垂直入射面的情况下,光波在两介质界面上反射和折射时的情况。此时入射波、反射波和透射波的电矢量 $E_i$、$E_r$ 和 $E_t$ 都平行于 $z$ 轴。它们对应的磁矢量 $B_i$、$B_r$ 和 $B_t$ 都在入射面($Oxy$ 平面)内,方向如图 3-2 所示。

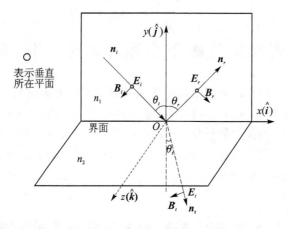

**图 3-2　电矢量垂直入射面时光波在两介质界面上的反射和折射**

经过理论推导,得到反射系数为

$$r_s = \frac{n_1 \cos\theta_i - n_2\sqrt{1 - (n_1/n_2)^2 \sin^2\theta_i}}{n_1 \cos\theta_i + n_2\sqrt{1 - (n_1/n_2)^2 \sin^2\theta_i}} \tag{3-3}$$

振幅透射系数为

$$t_s = \frac{2n_1 \cos\theta_i}{n_1 \cos\theta_i + n_2\sqrt{1 - (n_1/n_2)^2 \sin^2\theta_i}} \tag{3-4}$$

这就是平面光波在电矢量垂直于入射面情况下的菲涅耳公式。

## 3.1.3　菲涅耳公式

根据前面的推导,可以得到平面光波在电介质表面两侧的入射波、反射波和折射波各分量满足如下关系:

$$E_{rp} = \frac{n_2 \cos\theta_i - n_1 \cos\theta_t}{n_2 \cos\theta_i + n_1 \cos\theta_t}E_{ip} = \frac{\tan(\theta_i - \theta_t)}{\tan(\theta_i + \theta_t)}E_{ip} \tag{3-5}$$

$$E_{rs} = \frac{n_1 \cos\theta_i - n_2 \cos\theta_t}{n_1 \cos\theta_i + n_2 \cos\theta_t}E_{ip} = \frac{\tan(\theta_t - \theta_i)}{\tan(\theta_t + \theta_i)}E_{ip} \tag{3-6}$$

$$E_{tp} = \frac{2n_1 \cos\theta_i}{n_2 \cos\theta_i + n_1 \cos\theta_t}E_{ip} \tag{3-7}$$

$$E_{ts} = \frac{2n_1 \cos\theta_i}{n_1 \cos\theta_i + n_2 \cos\theta_t}E_{ip} = \frac{2\cos\theta_i \sin\theta_i}{\sin(\theta_i + \theta_t)}E_{ip} \tag{3-8}$$

以上 4 个等式称为菲涅耳反射折射公式(A. J. Fresnel,1823)。其中,式(3-5)和式(3-6)是反射公式,式(3-7)和式(3-8)是折射公式。式中的各个光波分量应是瞬时值,也可被看成是复振幅,因为它们的时间频率是相同的。菲涅耳公式表明,反射、折射光波里的 $p$ 分量只与

入射光波中的 $p$ 分量有关，$s$ 分量只与入射光波里的 $s$ 分量有关。这就是说，在反射和折射的过程中 $p$、$s$ 两个分量的振动是相互独立的。

【例 3-1-1】已知界面两侧的折射率 $n_2$、$n_1$ 和入射角 $\theta_1$，绘出在 $n_1 < n_2$（光由光疏介质射向光密介质）和 $n_1 > n_2$（光由光密介质射向光疏介质）两种情况下，反射系数、透射系数随入射角 $\theta_i$ 的变化曲线。

MATLAB 程序如下：

```
clear;                      % 清空内存空间
disp('请输入介质折射率 n1 和 n2')
n1 = input('n1 = ');        % 接受键盘任意输入合适的折射率 n1
n2 = input('n2 = ');        % 接受键盘任意输入合适的折射率 n2
theta = 0:0.1:90;           % 入射角范围 0~90°，步距 0.1°
a = theta * pi/180;         % 角度化为弧度
rp = (n2 * cos(a) - n1 * sqrt(1 - (n1/n2 * sin(a)).^2))./...
        (n2 * cos(a) + n1 * sqrt(1 - (n1/n2 * sin(a)).^2));     % p 分量振幅反射率
rs = (n1 * cos(a) - n2 * sqrt(1 - (n1/n2 * sin(a)).^2))./...
        (n1 * cos(a) + n2 * sqrt(1 - (n1/n2 * sin(a)).^2));     % s 分量振幅反射率
tp = 2 * n1 * cos(a)./(n2 * cos(a) + n1 * sqrt(1 - (n1/n2 * sin(a)).^2)); % p 分量振幅透射率
ts = 2 * n1 * cos(a)./(n1 * cos(a) + n2 * sqrt(1 - (n1/n2 * sin(a)).^2)); % s 分量振幅透射率

figure(1);
subplot(1,2,1);             % 作图 rp、rs、|rp|、|rs|随入射角的变化曲线
plot(theta,rp,'-',theta,rs,'- -',theta,abs(rp),':',...
        theta,abs(rs),'- .','LineWidth',2);
legend('rp','rs','|rp|','|rs|');
xlabel('入射角\theta_i');
ylabel('振幅');
title(['n_1 = ',num2str(n1),',n_2 = ',num2str(n2),'时反射系数随入射角的变化曲线']);
axis([0 90 -1 1]);          % 设定作图区间
grid on;                    % 作图加栅格
subplot(1,2,2);
plot(theta,tp,'-',theta,ts,'- -',theta,abs(tp),':',...
        theta,abs(ts),'- .','LineWidth',2);
legend('tp','ts','|tp|','|ts|');
xlabel('入射角\theta_i');
ylabel('振幅');
title(['n_1 = ',num2str(n1),',n_2 = ',num2str(n2),'时透射系数随入射角的变化曲线']);
if n1<n2
axis([0 90 0 1]);
else
axis([0 90 0 3.5]);
end
grid on;
```

运行结果如图 3-3 和 3-4 所示。图 3-3 所示为 $n_1 < n_2$（光由光疏介质射向光密介质）情况下，反射系数、透射系数随入射角 $\theta_i$ 的变化曲线。图 3-4 所示为 $n_1 > n_2$（光由光密介质射向光疏介质）情况下，反射系数、透射系数随入射角 $\theta_i$ 的变化曲线。

若您对此书内容有任何疑问，可以登录 MATLAB 中文论坛与同行们交流。

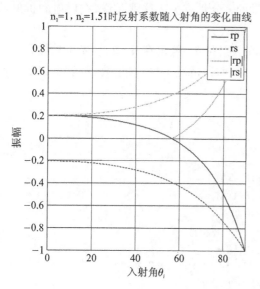
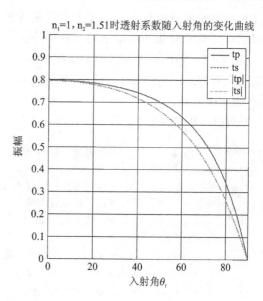

图 3-3    $n_1 < n_2$ 时的运行结果

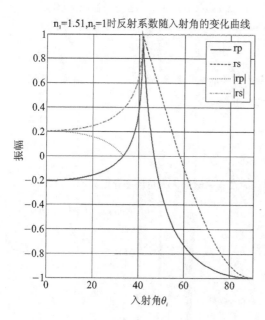
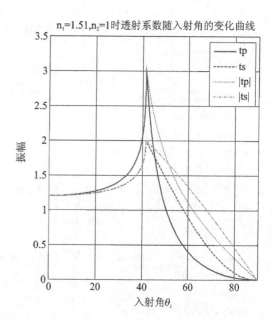

图 3-4    $n_1 > n_2$ 时的运行结果

# 3.2  光的干涉

## 3.2.1  波的叠加原理

从不同振源发出的波在空间相遇时,如振动不十分强,各个波将保持各自的特性不变,继续传播,相互之间没有影响。这就是波的独立传播原理。

当介质中同时存在几列波时,每列波能保持各自的传播规律而不互相干扰。在波的重叠区域里各点振动的物理量等于各列波在该点引起的物理量的矢量和,这就是波的叠加原理。

光的干涉实质上是波的叠加和波的干涉。

如图 3-5 所示，$S_1$ 和 $S_2$ 为两个单色点光源，它们发出频率相同、振动方向相同的球面简谐波，其初相位分别是 $\varphi_{01}$ 和 $\varphi_{02}$。

它们在叠加区域中任一点 $P$ 的复振幅为

$$\widetilde{E}_1 = A_1 e^{i(kd_1-\varphi_{01})} = A_1 e^{i\theta_1} \qquad (3-9)$$

$$\widetilde{E}_2 = A_2 e^{i(kd_2-\varphi_{02})} = A_2 e^{i\theta_2} \qquad (3-10)$$

根据叠加原理，在 $P$ 点合振动的复振幅为

$$\widetilde{E} = \widetilde{E}_1 + \widetilde{E}_2 = A_1 e^{i\theta_1} + A_2 e^{i\theta_2} \qquad (3-11)$$

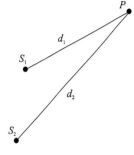

图 3-5　两列简谐波的叠加

$P$ 点的光强为

$$I = A_1^2 + A_2^2 + A_1 A_2 \cos(\theta_2 - \theta_1) \qquad (3-12)$$

或写为

$$I = I_1 + I_2 + 2\sqrt{I_1 I_2}\cos\delta \qquad (3-13)$$

式中，$I_1 = A_1^2$ 和 $I_2 = A_2^2$ 分别是两列光波单独在点 $P$ 处的强度；$\delta$ 是 $S_2$ 和 $S_1$ 在点 $P$ 产生的振动的相位差。

【例 3-2-1】模拟两列单色平面波。

MATLAB 程序如下：

```
w1 = 50;                    % 波 1 频率
w2 = 60;                    % 波 2 频率
k1 = 5;                     % 波 1 波数
k2 = 4;                     % 波 2 波数
t = 0.1:0.2:1.3;            % 对时间进行等间隔取点
a = 1;                      % 波动振幅
x = 0:0.001:5;              % 对传播方向 x 轴进行等间隔取点
A2 = a * cos(k2 * x - w2 * t(end));    % A2 波动函数
A1 = a * cos(k1 * x - w1 * t(end));    % A1 波动函数
plot(x, A1, '-', x, A2, ':')
set(gcf, 'color', [1 1 1]);
set(gca, 'YTick', [-1:0.5:1]);
set(gca, 'XTick', [0:1:5]);
xlabel('变量 X')
ylabel('振幅')
title('两列单色平面波的模拟')
legend('光波 1', '光波 2')
```

运行结果如图 3-6 所示。

【例 3-2-2】两列单色平面波的合成的动态仿真。

MATLAB 程序如下：

```
w1 = 50, w2 = 60, k2 = 4, a = 1;    % 两列波的参数
x = 0:0.001:30; k = 0;
m2 = moviein(length(0.1:0.2:1.3));
for t = 0.1:0.2:1.3
k = k + 1;
A = 2 * a * cos((k1 - k2)/2 * x - (w1 - w2)/2 * t);
v = a * cos(k1 * x - w1 * t) + a * cos(k2 * x - w2 * t);
plot(x, v, 'k-', x, A, 'g:', x, -A, 'b-.');
```

MATLAB仿真及其在光学课程中的应用(第2版)

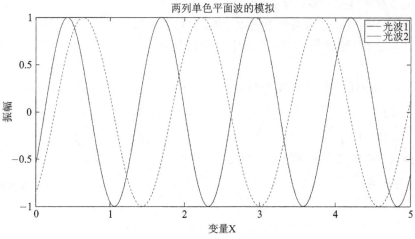

图 3-6　两列单色平面波的模拟

```
axis([0 30 -2 2]);
set(gcf,'color',[1 1 1])
set(gca,'YTick',[-2:1:2])
set(gca,'XTick',[0:5:30])
xlabel('变量 X')
ylabel('振幅变化')
title('光学拍')
legend('合成波振幅','包络线1','包络线2')
m2(:,k) = getframe;
end
movie(m2,3)
```

运行结果如图 3-7 所示。

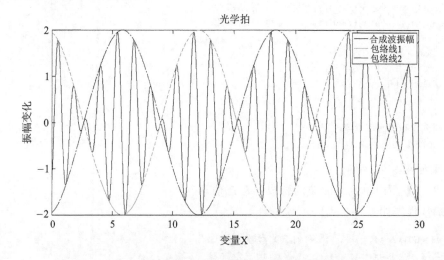

图 3-7　两列单色平面波的合成的动态仿真图

【例 3-2-3】绘制合成波光强曲线。

MATLAB 程序如下：

```
w1 = 50,w2 = 60,,k2 = 4,a = 1;    % 两列波的参数
x = 0:0.001:30;
A = 2 * a * cos((k1 - k2)/2 * x - (w1 - w2)/2 * t(end));
l = A. * A;
plot(x,l)
set(gca,'YTick',[0:1:4])
set(gca,'XTick',[0:5:30])
xlabel('变量 X')
ylabel('振幅变化 A')
title('合成波光强曲线')
```

运行结果如图 3-8 所示。

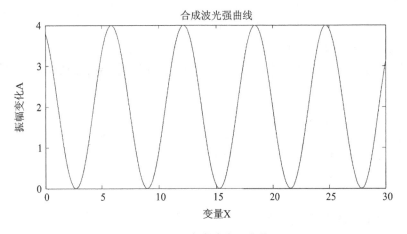

图 3-8　合成波光强曲线

## 3.2.2　光波的干涉

相干光波在叠加时所产生的光强不等于各光源单独造成的光强的简单相加,光强在极大与极小之间逐点变化,极大值超过各光波光强之和,极小值可能为零,这就是光波的干涉现象。式(3-13)中的

$$\delta = \theta_2 - \theta_1 = (2\pi/\lambda)(d_2 - d_1) + (\varphi_{01} - \varphi_{02}) \tag{3-14}$$

当 $\delta = 2m\pi, m = 0, \pm 1, \pm 2, \cdots$ 时,光强 $I$ 达到极大值 $I_{\max}$,称干涉极大。当 $\delta = (2m+1)\pi$, $m = 0, \pm 1, \pm 2, \cdots$ 时,$I$ 达到极小值 $I_{\min}$,称干涉极小,整数 $m$ 称为干涉级次。

由式(3-13)得知,$I \neq I_1 + I_2$,而是相差一个与空间位置有关的交叉项 $2\sqrt{I_1 I_2}\cos\delta$,这一项也称干涉项。因为 $\cos\delta$ 只随空间位置 $(d_2 - d_1)$ 而变化,所以在干涉场中产生的是不随时间而变化的在空间强弱交替的光强分布,这种叠加称为相干叠加。通常考察干涉场中一个面上的干涉现象,在这个观察面上的光强分布或颜色分布称为干涉图像或干涉条纹。

要获得稳定的干涉条纹必须满足三个条件:① 两束光的频率应当相同;② 两束光波在相遇处的振动方向应当相同;③ 两束光波在相遇处应有固定不变的相位差。这三个条件就是两束光波发生干涉的必要条件,通常称为相干条件。

## 3.2.3　杨氏干涉实验

杨氏干涉实验是两个点光源干涉实验的典型代表。杨氏干涉实验以极简单的装置和巧妙

的构思实现了普通光源干涉,它不仅是许多其他光的干涉装置的原型,在理论上还可以从中提取许多重要的概念。无论从经典光学还是从现代光学的角度来看,杨氏实验都具有十分重要的意义。

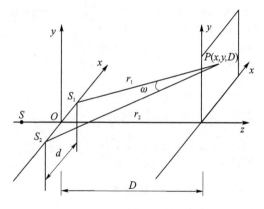

图 3 - 9  杨氏双缝干涉原理图

(1)杨氏干涉模型

杨氏双缝干涉实验装置如图 3 - 9 所示。点 $S$ 发出的光波射到光屏上的两个小孔 $S_1$ 和 $S_2$,$S_1$ 和 $S_2$ 相距很近,且到点 $S$ 等距。从 $S_1$ 和 $S_2$ 分别发散出的光波是由同一光波分出来的,所以是相干光波,它们在距离光屏为 $D$ 的屏幕上叠加,形成一定的干涉图样。

假设 $S$ 是单色点光源,考察屏幕上某一点 $P$,从 $S_1$ 和 $S_2$ 发出的光波在该点叠加产生的光强度为

$$I = I_1 + I_2 + 2\sqrt{I_1 I_2}\cos\delta \qquad (3-15)$$

式中,$I_1$ 和 $I_2$ 分别是两光波在屏幕上的光强度,若实验装置中 $S_1$ 和 $S_2$ 两个缝大小相等,则有 $I_1 = I_2 = I_0$,经过推导得到条纹的强度变化公式:

$$I = 4I_0\cos^2\left[\frac{\pi(r_2 - r_1)}{\lambda}\right] \qquad (3-16)$$

【例 3 - 2 - 4】模拟杨氏双缝干涉。

MATLAB 程序如下:

```
clear;
Lambda = input('输入光的波长(单位为 nm):(取 500)');
Lambda = Lambda * (1e - 9); % 将 nm 变换为 m
d = input('输入两个缝的间距(单位为 mm):(取 2)');
d = d * 0.001;
Z = input('输入缝到屏的距离(单位为 m):(取 1)');
yMax = 5 * Lambda * Z/d;
xs = yMax;
Ny = 101;
ys = linspace( - yMax,yMax,Ny);
for i = 1:Ny
r1 = sqrt((ys(i) - d/2).^2 + Z^2);
r2 = sqrt((ys(i) + d/2).^2 + Z^2);
    Phi = 2 * pi * (r2 - r1)/Lambda;
    B(i,:) = 4 * cos(Phi/2).^2;
end
NCLevels = 255;
Br = (B/4.0) * NCLevels;
subplot(1,2,1);
image(xs,ys,Br);
colormap(gray(NCLevels));
subplot(1,2,2);
plot(B(:),ys);
```

运行结果如图 3 - 10 所示。

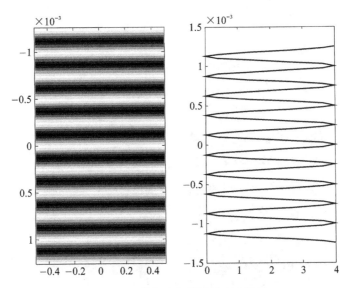

**图 3 - 10　单色光双缝干涉实验结果**

【例 3 - 2 - 5】模拟非单色光的双缝干涉实验。

建模:光的非单色性对干涉条纹的影响将使问题更为复杂,此时波长将不是常数,因此,必须将不同波长的光进行分类处理再叠加起来。近似取 11 根谱线,计算光强时应把这 11 根谱线产生的光强叠加并取平均值。

MATLAB 程序如下:

```
clear;
Lambda = input('输入光的波长(单位为 nm):(取 500)');
Lambda = Lambda * (1e - 9); % 将 nm 变换为 m
d = input('输入两个缝的间距(单位为 mm):(取 2)');
d = d * 0.001;
Z = input('输入缝到屏的距离(单位为 m):(取 1)');
yMax = 5 * Lambda * Z/d;
xs = yMax;
Ny = 101;
ys = linspace( - yMax,yMax,Ny);
for i = 1:Ny
    L1 = sqrt((ys(i) - d/2).^2 + Z^2);
    L2 = sqrt((ys(i) + d/2).^2 + Z^2);
    N1 = 11;
    dL = linspace( - 0.1,0.1,N1);
    Lambda1 = Lambda * (1 + dL');
    Phi = 2 * pi * (L2 - L1)./Lambda1;
    B(i,:) = sum(4 * cos(Phi/2).^2)/N1;
end
NCLevels = 255;
Br = (B/4.0) * NCLevels;
subplot(1,2,1);
image(xs,ys,Br);
set(gcf,'color','w');
colormap(gray(NCLevels));
subplot(1,2,2);
plot(B(:,),ys);
```

71

运行结果如图 3-11 所示。

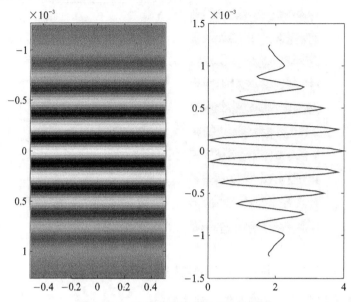

图 3-11 非单色光双缝干涉实验结果

## 3.2.4 牛顿环

牛顿环装置是将一块曲率半径较大的平凸玻璃透镜的凸面放在一块光学玻璃平板(平晶)上构成的,如图 3-12 所示,$R$ 为牛顿环透镜的曲率半径,$d$ 为空气膜的厚度($R \gg d$),$r$ 为牛顿环的半径。平凸透镜的凸面与玻璃平板之间的空气层厚度从中心到边缘逐渐增加,若以平行单色光垂直照射到牛顿环上,则经空气层上、下表面反射的二层光束存在光程差,它们在平凸透镜的凸面相遇后,将发生干涉。从透镜上看到的干涉花样是以玻璃接触点为中心的一系列明暗相间的圆环,称为牛顿环。由于同一干涉环上各处的空气层厚度是相同的,因此它属于等厚干涉,也属于分振幅干涉。

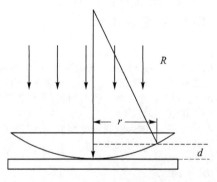

图 3-12 牛顿环装置原理图

按照波动理论,垂直入射光经空气膜的上下两表面反射后产生干涉,经推导得到干涉后的光强为

$$I = 2I_0 \sin^2\left(\frac{\pi r^2}{R\lambda}\right) I = 2I_0 \tag{3-17}$$

式中,$\lambda$ 为入射的波长;$I_0$ 为初始光强。

【例 3-2-6】利用平凸透镜动态模拟牛顿环干涉。

建模:在式(3-17)中为了方便取系数 $2I_0 = 1$。在直角坐标系中 $r^2 = x^2 + y^2$,$(x, y)$ 代表光强的二维分布点的坐标。对于任意给定点 $(x, y)$,如果该点的光强 $I$ 取最大值 1,则该点为明条纹所在;若光强 $I$ 取最小值 0,则是暗纹所在;其他值则介于两者之间。

牛顿环实验(也包括其他光学实验)的动态仿真有 2 个环节,其一是将观察屏($xy$ 平面)上

干涉光强的分布可视化显示;其二是动态仿真,当空气薄膜的厚度连续改变时(通过向上移动牛顿环中的透镜),干涉条纹也会随之移动。

入射波长 $\lambda$ 取 0.000 589 3 mm,$x$、$y$ 的取值范围均为 $[-0.1,0.1]$,用曲率半径 $R =$ 855 mm 的平凸透镜模拟干涉图像。

MATLAB 程序如下:

```
clear
R = 0.855; %透镜的曲率半径
N = 400;
lamda = 5893e - 6; %入射光波长
rr = 0.1;
[x,y] = meshgrid(linspace( - rr,rr,N)); %坐标轴取值
r = abs(x + i * y);
d = r.^2/R/lamda * pi * 2; %牛顿环的光斑能量
z = cos(d);z = abs(z);
Z(:,:,1) = z/sqrt(2);Z(:,:,2) = z/sqrt(2);
Z(:,:,3) = zeros(N);close all;
H = imshow(Z); %显示图形
t = 0;k = 1;
set(gcf,'doublebuffer','on'); %设置图形属性
title('牛顿环'); %添加标题
xlabel('请单击空格键停止此动画页面! ',...    'fontsize',12,'color','r'); %添加 x 轴标签
set(gca,'position',[0.161111 0.1423913 0.675194 0.715217]); %设置坐标系位置
set(gcf,'position',[254 115 427 373])
while k  %控制循环是否继续
    s = get(gcf,'currentkey');   %获取键盘操作信息
    if strcmp(s,'space');  %判断是否为 spce 键
        clc;
        k = 0;   %k = 0 循环终止
    end
    t = t + 0.01;
    pause(0.3); %暂停 0.3s
    d = d + t;
    z = cos(d);z = abs(z);
    Z(:,:,1) = z/sqrt(2);
    Z(:,:,2) = z/sqrt(2);
    set(H,'CData',Z); %更改 Cdata 属性,表现为图像动画
end
figure(gcf); %显示图形
```

运行结果如图 3 - 13 所示。

## 3.2.5　迈克尔逊干涉仪

图 3 - 14 所示是迈克尔逊干涉仪的光路原理图。$G_1$ 和 $G_2$ 是两块平行放置的平行平面玻璃板,它们的折射率和厚度都完全相同。$G_1$ 的背面镀有半反射膜,称为分光板。$G_2$ 称为补偿板。$M_1$ 和 $M_2$ 是两块平面反射镜,它们装在与 $G_1$ 成 45°的彼此互相垂直的两臂上。$M_1$ 固定不动,$M_2$ 可沿臂轴方向前后平移。

由光源 $S$ 发出的光束(用凸透镜会聚的激光束是

牛顿环

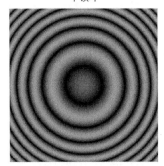

请单击空格键停止此动画页面!

**图 3 - 13　曲率半径为 855 mm 时的牛顿环**

若您对此书内容有任何疑问,可以登录 MATLAB 中文论坛与同行们交流。

一个很好的点光源)经分光板分成两部分,它们分别近似于垂直地入射在平面反射镜 $M_1$ 和 $M_2$ 上。$M_1$ 经反射的光回到分光板后一部分透过分光板沿 $E$ 方向传播,而经 $M_2$ 反射的光回到分光板后则是一部分被反射在 $E$ 方向。由于两者是相干的,在 $E$ 处可观察到相干条纹。

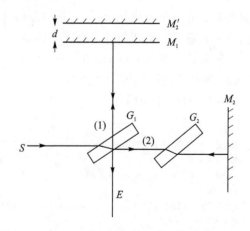

光束自 $M_1$ 和 $M_2$ 上的反射相当于自距离为 $d$ 的 $M_1$ 和 $M_2'$ 上的反射,其中 $M_2'$ 是平面镜 $M_2$ 为分光板所成的虚像。因此,迈克尔逊干涉仪所产生的干涉与厚度为 $d$、没有多次反射的空气平行平面板所产生的干涉完全一样。经 $M_2$ 反射的光三次穿过分光板,而经 $M_1$ 反射的

**图 3-14  迈克尔逊干涉仪原理图**

光只通过分光板一次,补偿板就是为消除这种不对称性而设置的。

双光束在观察平面处的光程差 $L$ 由下式给定:

$$L = 2d\cos i \tag{3-18}$$

式中,$d$ 是 $M_1$ 和 $M_2'$ 之间的距离,$i$ 是光源 $S$ 在 $M_1$ 上的入射角。

迈克尔逊干涉仪的干涉也属于分振幅干涉,迈克尔逊干涉仪所产生的干涉条纹的特性与光源、照明方式以及 $M_1$ 和 $M_2$ 之间的相对位置有关,调整 $M_2$,使得 $M_1$ 和 $M_2$ 之间角度发生变化,可以分别得到等倾干涉和等厚干涉条纹。这里讨论等倾干涉条纹。

当 $M_2$ 与 $M_1$ 严格垂直,即 $M_2'$ 与 $M_1$ 严格平行时,所得干涉为等倾干涉。干涉条纹为位于无限远或透镜焦平面上明暗的同心圆环。干涉圆环的特征是:内疏外密。由等倾干涉理论可知:当 $M_1$、$M_2'$ 之间的距离 $d$ 减小时,任意指定的 $K$ 级条纹将缩小其半径,并逐渐收缩至中心处消失,即条纹"陷入";当 $d$ 增大,即条纹"外冒",而且 $M_1$ 与 $M_2'$ 的厚度越大,则相邻的亮(或暗)条纹之间距离越小,即条纹越密,越不易辨认。每"陷入"或"冒出"一个圆环,$d$ 就相应增加或减少 $\lambda/2$ 的距离。如果"陷入"或"冒出"的环数为 $N$,$d$ 的改变量为 $\Delta d$,则

$$\Delta d = N\lambda/2 \tag{3-19}$$

因此在实际应用中可以由已知波长 $\lambda$ 求得 $M_2$ 移动的距离,这就是利用干涉测长法;反之,若已知 $M_2$ 移动的距离,可求得波长。

根据光波的叠加原理,可得出迈克尔逊干涉仪的等倾干涉的光强分布为

$$I = I_0\cos^2\left\{\frac{2\pi d}{\lambda}\cos[\arctan(r/f)]\right\} \tag{3-20}$$

式中,$f$ 为屏幕前透镜的焦距,$r = \sqrt{x^2 + y^2}$。

【例 3-2-7】模拟非定域干涉下点光源的干涉条纹。

建模:实验参数选为 $f = 100$ mm,$\lambda = 0.000\,452\,2$ mm,$x$、$y$ 的取值范围均为 $[-10,$

**74**

$10]$,$d$ 的取值分别为 $0.2$、$0.26$、$0.34$、$0.38$。依照牛顿环中的程序很容易获得迈克尔逊干涉的光强分布。

MATLAB 程序如下:

```
clear;
xmax = 10.0;
ymax = 10.0;
```

```
Lamd = 452.2e - 006;
f = 100;
d = 0.20;
n = 1.0;
N = 150;
x = linspace( - xmax,xmax,N);
y = linspace( - ymax,ymax,N);
for i = 1:N
    for j = 1:N
        r(i,j) = sqrt(x(i) * x(i) + y(i) * y(i));
        B(i,j) = cos(2 * pi * d * cos(atan(r(i,j)/f))/Lamd).^2;
    end
end
M = 255;
Br = 2.5 * B * M;
image(x,y,Br);
colormap(gray(M));
```

运行结果如图 3 - 15 所示。

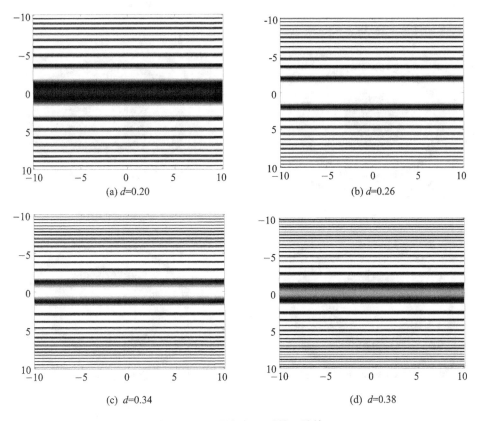

(a) d=0.20

(b) d=0.26

(c) d=0.34

(d) d=0.38

**图 3 - 15　不同间距 d 时的干涉情况**

【例 3 - 2 - 8】模拟定域干涉下的等倾干涉条纹。

建模:实验参数选为 $f$ =200 mm, $\lambda$ =0.000 632 8 mm, $x$ 、 $y$ 的取值范围均为[-10,10], $d$ 的变化范围为(0.39±0.000 05× $k$ )mm, $k$ =0~15。随着 $d$ 的增加,干涉环从中心向外冒出,随着 $d$ 的减少,干涉环向中心收缩。

MATLAB 程序如下:

若您对此书内容有任何疑问,可以登录MATLAB中文论坛与同行们交流。

```
xmax = 10;
ymax = 10;
Lambda = 632.8e-006；%设定入射光波长
f = 200;
n = 1.0;
N = 150;
d = 0.39010；%空气膜厚度
x = linspace( - xmax,xmax,N);
y = linspace( - ymax,ymax,N);
    for i = 1:N
        for j = 1:N
            r(i,j) = sqrt(x(i) * x(i) + y(j) * y(j));
            B(i,j) = cos(pi * (2 * n * d * cos(asin(n * sin(atan(r(i,j)/f))))))/Lambda).^2;
        end
    end
figure(gcf);
NClevels = 255;              %设定灰度
Br = 2.5 * B * NClevels;
image(x,y,Br);
colormap(gray(NClevels));
```

运行结果如图 3 - 16 和 3 - 17 所示。

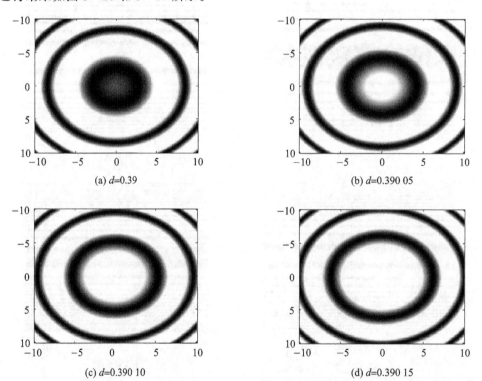

(a) $d$=0.39

(b) $d$=0.390 05

(c) $d$=0.390 10

(d) $d$=0.390 15

**图 3 - 16    间距 $d$ 增大时的干涉图像**

由图 3 - 16 可以看出,随着 $d$ 的增加,干涉环中心向外冒出。

由图 3 - 17 可以看出,随着 $d$ 的减少,干涉环中心向内收缩。

如果使距离 $|d|$ 增加,圆条纹都会不断从中心冒出来并扩大,同时条纹会变密变细。反之,如果使距离 $|d|$ 减小,条纹都会缩小并消失在中心处,同时条纹会变疏变粗。

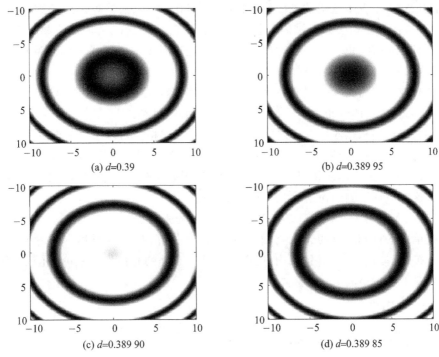

**图 3 - 17　间距 _d_ 减小时的干涉图像**

## 3.3　光的衍射

### 3.3.1　光的衍射现象

　　光在传播过程中,遇到障碍物或小孔时,将偏离直线传播的路径而绕到障碍物后面传播的现象,叫光的衍射。光的衍射和光的干涉一样证明了光具有波动性。通常观察到的衍射现象是由不透明的障碍物引起的。如图 3 - 18 所示, _S_ 为点光源, _D_ 为带有孔径可变的小圆孔的不透明屏, _P_ 为接收屏。当圆孔足够大时,在屏上生成一个均匀照明的光斑,光斑有清晰的边界,它的大小就是圆孔的几何投影。随着圆孔逐渐缩小,开始光斑也相应地逐渐变小,然后光斑边缘开始模糊,并且在光斑周围出现若干比较淡的同心亮环。此后若再缩小圆孔,光斑及圆环不但不跟着变小,反而会扩大。实验表明,点光源 _S_ 发出的光遇到障碍物后,进入了障碍物的几何阴影区域以内,引起障碍物后光场的重新分布,产生了衍射。

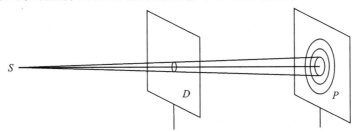

**图 3 - 18　光的衍射现象**

若您对此书内容有任何疑问,可以登录MATLAB中文论坛与同行们交流。

　　需要指出的是，不仅不透明的平面障碍物（如小圆孔、圆环、狭缝等）会产生衍射现象，光通过厚度($nh$)不等的完全透明的三维障碍物（如带有空气泡的玻片、透明的生物标本等）时，在各处的相位延迟不一样，也会发生衍射现象。例如，透过眼镜片上的小雨滴观看远处路灯时，就可以见到一系列亮暗相间的衍射环。

　　总之，当光波在传播路径中遇到障碍物时，不管障碍物是否透明，只要波前受阻区域上的振幅和相位或二者之一的分布发生了改变，都会产生衍射现象。

　　按照光源、衍射屏和接收屏三者之间的相对位置，可以将衍射现象分为两种类型：① 光源和接收屏或二者之一距离衍射屏为有限远时，所观察到的衍射称为菲涅耳衍射；② 光源和接收屏距离衍射屏都在无穷远或相当于无穷远时，在衍射孔上的入射波和各方向的衍射波都可看成平面波，这时所观察到的衍射称为夫琅禾费衍射。

　　【例3-3-1】利用 MATLAB 绘出单色光的衍射光强曲线。

　　建模：把单色平行光通过的光缝当做 $N$ 点干涉来计算，把单缝看做一排等间隔光源，共 $np$ 个光源分布在 $[-a/2, a/2]$ 区间内，则屏幕上任一点处的光强为这 $np$ 个光源照射结果的合成，这里取光波长 $\lambda = 500$ nm，缝宽 $a = 0.2$ mm。

　　MATLAB 程序如下：

```
clear;
Lambda = input('输入光的波长(单位为 nm):(取 500)');
Lambda = Lambda * (1e-9);
aWidth = input('输入缝宽(单位为 mm):(取 0.2)');
aWidth = aWidth * 0.001;
Z = input('输入缝到屏的距离(单位为 m):(取 1)');
ymax = 3 * Lambda * Z/aWidth;
Ny = 51;
ys = linspace(-ymax,ymax,Ny);
NPoints = 51;
yPoint = linspace(-aWidth/2,aWidth/2,NPoints);
for j = 1:Ny
    L = sqrt((ys(j) - yPoint).^2 + Z^2);
    Phi = 2 * pi. * (L - Z)./Lambda;
    SumCos = sum(cos(Phi));
    SumSin = sum(sin(Phi));
    B(j) = (SumCos^2 + SumSin^2)/NPoints^2'
end
plot(ys,B,'*',ys,B);
grid;
axis([-ymax,ymax,0.0,1.0]);
set(gcf,'color','w');
```

运行结果如图 3-19 所示。

　　【例3-3-2】利用 MATLAB 模拟单狭缝的衍射图样和光强分布曲线。

　　建模：把单缝看做是 $np$ 个分立的相干光源，屏幕上任一点复振幅为 $np$ 个光源照射结果的合成。

　　MATLAB 程序如下：

```
clear
lam = 500e-9;
a = 1e-3;
D = 1;
ym = 3 * lam * D/a;
ny = 51;
```

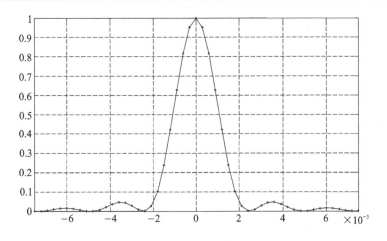

图 3 - 19　波长为 500 nm、缝宽为 0.2 mm 所得衍射光强曲线

```
ys = linspace( - ym,ym,ny);
np = 51;
yp = linspace(0,a,np);
for i = 1:ny
    sinphi = ys(i)/D;
    alpha = 2 * pi * yp * sinphi/lam;
    sumcos = sum(cos(alpha));
    sumsin = sum(sin(alpha));
    B(i,:) = (sumcos^2 + sumsin^2)/np^2;
end
N = 255;
Br = (B/max(B)) * N;
subplot(1,2,1)
image(ym,ys,Br);
colormap(gray(N));
subplot(1,2,2)
plot(B,ys);
```

运行结果如图 3 - 20 所示。

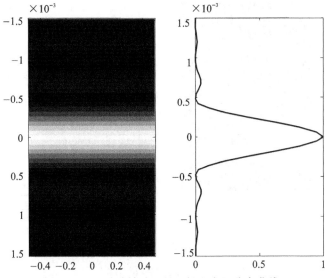

图 3 - 20　单狭缝的衍射图样和光强分布曲线

## 3.3.2 矩形孔和圆孔衍射

【例3-3-3】用MATLAB模拟单矩形孔的夫琅禾费衍射。

建模:将【例3-3-2】中的单狭缝换成矩形孔,就可以在接收屏上观察到矩形孔夫琅禾费衍射图像。这里取矩形长$b=0.001$ m,宽$a=0.003$ m,波长$\lambda=700$ nm。

MATLAB程序如下:

```
clear;
a = input('输入单矩孔的宽度(单位 m):a = ');
b = input('输入单矩孔的长度(单位 m):b = ');
lambda = input('输入单色光的波长(单位 m):');
f = 1; % 透镜焦距为1m
m = 500; % 确定屏幕上点数
ym = 8000 * lambda * f;   % 屏幕上 y 的范围
ys = linspace( - ym,ym,m);
xs = ys;   % 屏幕上 x 的范围
n = 255;
for i = 1:m
    sinth1 = xs(i)/sqrt(xs(i)^2 + f^2);
    sinth2 = ys./sqrt(ys.^2 + f^2);
    angleA = pi * a * sinth1/lambda;
    angleB = pi * b * sinth2./lambda;
B(:,i) = (sin...
(angleA).^2. * sin(angleB).^2. * a^2. * b^2. * 1250./lambda^2./(angleA.^2. * angleB.^2));
end
subplot(1,2,1);
image(xs,ys,B);
colormap(gray(n));
subplot(1,2,2);
plot(B(m/2,:),ys,'k');
```

运行结果如图3-21所示。

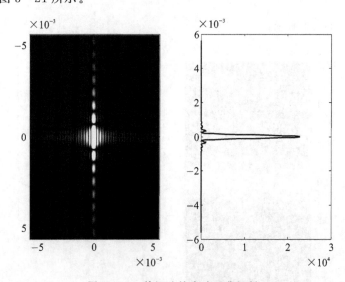

**图3-21 单矩孔的夫琅禾费衍射**

【例3-3-4】用MATLAB模拟圆孔的夫琅禾费衍射。

建模:将【例 3 - 3 - 2】中的单狭缝换成圆孔,就可以在接收屏上观察到圆孔夫琅禾费衍射图像。

MATLAB 程序如下:

```
clear;
lam = 632.8e - 9;        % 波长
R = 5e - 4;              % 孔径大小
f = 1;                   % 透镜焦距
ym = 2.5e - 3;           % y 轴的范围
m = 1000;
y = linspace( - ym,ym,m);
x = y;
for i = 1:m
    r = x(i).^2 + y.^2;
    s = sqrt(r./(r + f^2));
    x1 = 2 * pi * R * s./lam;
    I(:,i) = ((2 * besselj(1,x1)).^2./x1.^2). * 5000;
end
image(x,y,I);
% title('圆孔夫琅禾费衍射分布');
n = 100;
colormap(gray(n));
colorbar;
```

运行结果如图 3 - 22 所示。

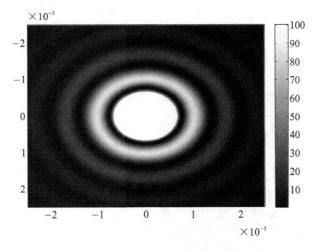

图 3 - 22　圆孔的夫琅禾费衍射

## 3.3.3　光栅衍射

光栅衍射是波动光学的重要内容,涉及单缝衍射和多缝干涉两方面的知识,是干涉和衍射两种效应的叠加。光栅衍射条纹受到光栅总缝数、入射光波长、缝宽、光栅常数、透镜到衍射屏的距离和入射角等多种因素的影响,造成谱线特征变化丰富。通常,光栅衍射实验由于参数的改变和调节比较困难,难以充分展示谱线的全部特征,加上需要特定的实验仪器和实验场所,给教学与研究带来许多不便。利用计算机仿真光栅衍射过程,可随意调节试验参数,得到相应的衍射花样,并且可以绘出实验中难以观察到的光强分布图。

【例3-3-5】利用 MATLAB 模拟光栅衍射图样。

MATLAB 程序如下:

```
clear
lam = 500e-9;
N = 2;
a = 2e-4;
D = 5;
d = 5*a;
ym = 2*lam*D/a;xs = ym;
n = 1001;
ys = linspace(-ym,ym,n);
for i = 1:n
sinphi = ys(i)/D;
alpha = pi*a*sinphi/lam;
beta = pi*d*sinphi/lam;
B(i,:) = (sin(alpha)./alpha).^2.*(sin(N*beta)./sin(beta)).^2;
B1 = B/max(B);
end
NC = 255;
Br = (B/max(B))*NC;
subplot(1,2,1)
image(xs,ys,Br);
colormap(gray(NC));
subplot(1,2,2)
plot(B1,ys);
```

运行结果如图3-23所示。

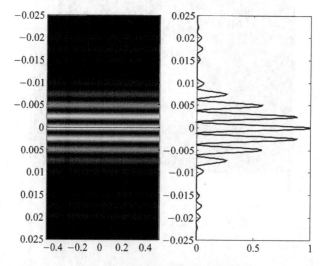

图3-23 黑白光栅衍射光强分布

# 3.4 光的偏振

## 3.4.1 光波的偏振态

光的干涉及衍射现象说明了光的波动性质,而光的偏振现象则直观地验证了光波是横波。

对于光的偏振现象的研究在光学发展史中占有很重要的地位。光的偏振使人们对光传播(反射、折射、吸收和散射)的规律有了新的认识。光的偏振在光学计量、晶体性质研究和实验应力分析等技术领域有广泛的应用。

光的电磁理论指出,光是电磁波,光矢量与光的传播方向垂直。在垂直于光的传播方向的平面内,光矢量 $E$ 可能有各种不同的振动状态,一般可分为五种:线偏振光、圆偏振光、椭圆偏振光、自然光和部分偏振光。

设沿同一方向传播的频率相同、振动方向互相垂直并具有固定相位差的两个线偏振光分别沿 $x$ 轴和 $y$ 轴,其两个振动方程可分别表示为

$$E_x = A_x \sin \omega t \tag{3-21}$$

$$E_y = A_y \sin(\omega t + \Delta \varphi) \tag{3-22}$$

合振动方程为

$$\frac{E_x^2}{A_x^2} + \frac{E_y^2}{A_y^2} - \frac{2E_x E_y}{A_x A_y} \cos(\Delta \varphi) = \sin^2(\Delta \varphi) \tag{3-23}$$

式(3-23)说明,一般情况下合振动的轨迹在垂直于传播方向的平面内呈椭圆偏振光。

当 $\Delta \varphi = k\pi(k = 0, \pm 1, \pm 2, \cdots)$ 时,式(3-23)变为

$$E_x = \pm \frac{A_x}{A_y} E_y \tag{3-24}$$

合振动矢量始终在同一方向上做简谐振动,说明合成结果是线偏振光。

当 $\Delta \varphi = (2k+1)\frac{\pi}{2}(k = 0, \pm 1, \pm 2, \cdots)$ 时,式(3-23)变为

$$\frac{E_x^2}{A_x^2} + \frac{E_y^2}{A_y^2} = 1 \tag{3-25}$$

这就是椭圆方程,合成结果是椭圆偏振光。若 $A_x = A_y$,则合矢量端点的轨迹是圆,为圆偏振光。

## 3.4.2　光波的偏振态仿真

【例 3-4-1】利用 MATLAB 绘制偏振光波轨迹的二维图形。

MATLAB 程序如下:

```
clear all;
c = 3e + 8,lamd = 5e - 7,T = lamd/c; % 设置光波参数
t = linspace(0,T,1000);
z = linspace(0,5,1000);
w = 2 * pi/T;
k = 2 * pi/lamd;
Eox = 10;Eoy = 5;
Fx = 0;
i = 1;
for Fy = 0:pi/4:7 * pi/4
    Ex = Eox * cos(w * t + k * z);
    Ey = Eoy * cos(w * t + k * z + Fy);
    subplot(2,4,i);
    i = i + 1;
    plot(Ex,Ey);
```

若您对此书内容有任何疑问,可以登录MATLAB中文论坛与同行们交流。

```
        n = i - 2
        xlabel('x');
        ylabel('y')
        title(['Fy - Fx = ',num2str(n),' * pi/4']);
    end
```

运行结果如图3-24所示。

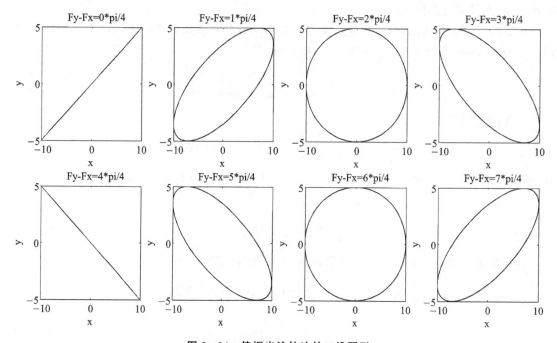

图3-24　偏振光波轨迹的二维图形

【例3-4-2】利用 MATLAB 绘制偏振光波轨迹的三维图形。

MATLAB 程序如下：

```
clear all;
c = 3e + 8,lamd = 5e - 7,T = lamd/c; %设置光波参数
t = linspace(0,T,1000);
z = linspace(0,5,1000);
w = 2 * pi/T;
k = 2 * pi/lamd;
Eox = 10;Eoy = 5;
Fx = 0;
i = 1;
for Fy = 0:pi/4:7 * pi/4
    Ex = Eox * cos(w * t - k * z + Fx);
    Ey = Eoy * cos(w * t - k * z + Fy);
    subplot(2,4,i);
    i = i + 1;
    plot3(Ex,Ey,z);
    zlabel('z');
    xlabel('x');
    ylabel('y');
    n = i - 2
    title(['Fy - Fx = ',num2str(n),' * pi/4']);
end
```

运行结果如图 3 - 25 所示。

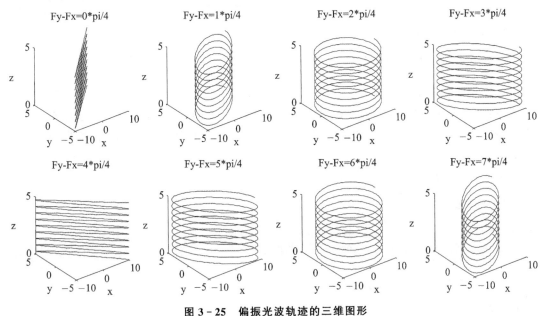

**图 3 - 25    偏振光波轨迹的三维图形**

# 3.5    平行光束通过透镜聚焦

平行光束是一开始接触光学知识就要熟悉的,其光线踪迹简单,便于学习和进行分析。这里以凸透镜为例分析其会聚光线的作用。

## 3.5.1    平凸透镜光线追迹

采用几何光学光线追迹方法计算平行光线通过透镜的传输。系统参数如图 3 - 26 所示, $R$ 为透镜凸面的曲率半径, $h$ 为入射光线的高度, $\theta_1$ 为入射光线与出射面法线的夹角, $\theta_2$ 为出射光线与法线的夹角, $n$ 为透镜材料的折射率。设透镜的中心厚度为 $d$ ,则入射光线经过透镜的实际厚度为

$$L = \sqrt{R^2 - h^2} - (R - d) \tag{3-26}$$

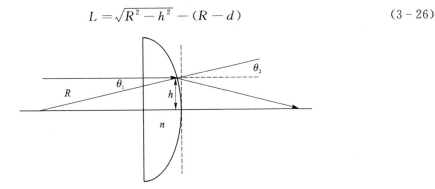

**图 3 - 26    平凸透镜光路参数图**

光线的入射角为

$$\sin \theta_1 = h / R \tag{3-27}$$

若您对此书内容有任何疑问,可以登录MATLAB中文论坛与同行们交流。

折射角度满足：

$$\sin \theta_2 = n \sin \theta_1 \qquad\qquad (3-28)$$

而实际的光束偏折角度为 $\theta_1 - \theta_2$。

## 3.5.2　平行光通过透镜的仿真

【例 3-5-1】利用 MATLAB 绘制平行光通过平凸透镜的光线轨迹。

建模：根据上述关系，可以用计算机仿真计算光线经过平凸透镜的轨迹。实验中透镜的材料为 k9 玻璃，对 1 064 nm 波长的折射率为 1.506 2，镜片中心厚度为 3 mm，凸面曲率半径设为 100 mm，初始光线距离透镜平面 20 mm。

MATLAB 程序如下：

```
% 平凸透镜光线追迹
clear;clc;
clear all;
n = 1.5062;% 材料为 k9 玻璃,对 1064nm 波长的折射率
d = 3; %  透镜中心厚度
R = 100; %  透镜凸面曲率半径
Dr = sqrt(R^2 - (R - d)^2);% 透镜尺寸(最大半径)
mh = 30;
if Dr>10
        hmax = 10;
else
        hmax = Dr;
end
h0 = linspace( - hmax,hmax,mh);
mz = 1000;
z0 = 20;% 初始光线与透镜平面的距离
y = zeros(size(z0));
theta1 = asin(hmax/R);
theta2 = asin(n * hmax/R);
theta = theta2 - theta1;
f = hmax/tan(theta);  % 透镜的近似焦距
z = linspace(0,f + z0 + f/3,mz);
for gh = 1:mh
        theta1 = asin(h0(gh)/R);
        theta2 = asin(n * h0(gh)/R);
        theta = theta2 - theta1;
for gz = 1:mz
        L = sqrt(R^2 - h0(gh)^2) - (R - d);
if z(gz)< = L + z0
        y(gz) = h0(gh);
else
        y(gz) = y(gz - 1) - (z(gz) - z(gz - 1)) * tan(theta);
end
end
plot(z,y,'k');% 绘图
hold on;
end
title(['透镜焦距应该为:',num2str(f),' mm'])
```

运行结果如图 3-27 所示。

【例 3-5-2】平面波通过透镜后在焦面上衍射的数值计算。

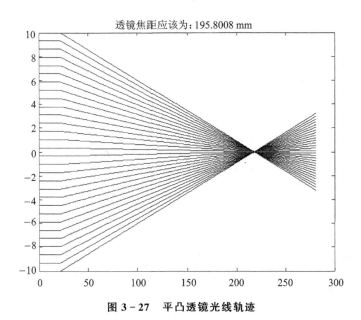

图 3-27　平凸透镜光线轨迹

建模:为了计算焦面上光强分布和光斑的大小,必须采用波动理论,利用基尔霍夫-菲涅耳衍射积分公式进行计算:

$$E(x,y,z)=-\frac{j}{2\lambda}\iint\limits_{\Sigma}e^{jk\left[(n-1)\sqrt{R^2-(x^2+y^2)}+d\right]}\,e^{jkr}\,\frac{1+\cos\theta}{r}\mathrm{d}s' \qquad (3-29)$$

式中,$(n-1)\sqrt{R^2-(x^2+y^2)}+d$ 为光束经过透镜入射端面到透镜出射顶点平面之间的实际光程差。这里需要说明的是,光场在透镜中的传输将被等效为薄透镜,即光场在透镜中传输时,振幅沿径向并不发生明显变化,只是相位受到限制,这就是薄透镜近似,但对厚透镜和短焦距的透镜误差会大一些,需要做更精确的处理。

本仿真计算半径为 1 mm 的平面波经过凸面曲率半径为 25 mm、中心厚度为 3 mm 的平凸透镜后在几何焦平面上的聚焦光斑强度分布。

MATLAB 程序如下:

```
% 平面波透镜焦面衍射数值计算
clear;
n = 1.5062; % 材料为 k9 玻璃,对 1064nm 波长的折射率
d = 3; % 透镜中心厚度
RL = 0.025e3; % 透镜凸面曲率半径
f = RL/(n-1); % 透镜的焦距
R0 = 1; % 入射光束半径
lambda = 1.064e-3; k = 2*pi/lambda; phy = lambda/pi/R0;
z = f;
mr2 = 41; ne2 = 51; mr0 = 81;
while sqrt(R0^2 + z^2) - sqrt(R0^2 * (1 - 1/mr0)^2 + z^2) > lambda/10
mr0 = mr0 + 1;
end
ne0 = mr0;
rmax = 5 * f * phy;
r = linspace(0, rmax, mr2); eta = linspace(0, 2 * pi, ne2);
[rho, theta] = meshgrid(r, eta);
```

若您对此书内容有任何疑问，可以登录MATLAB中文论坛与同行们交流。

```
[x,y] = pol2cart(theta,rho);
r0 = linspace(0,R0,mr0);eta0 = linspace(0,2 * pi * (ne0 - 1),ne0 - 1);
[rho0,theta0] = meshgrid(r0,eta0);
[x0,y0] = pol2cart(theta0,rho0);
deta = R0/(mr0 - 1) * 2 * pi/(ne0 - 1);
E2 = zeros(size(x));
for gk = 1:ne2
for df = 1:mr2
Rrho = sqrt((x(gk,df) - x0).^2 + (y(gk,df) - y0).^2 + z^2);
Rtheta = z./Rrho;
opd = exp(j * k * ((n-1) * (sqrt(RL^2 - rho0.^2) - (RL - d)) + d));
Ep = - j/lambda/2 * exp(Rrho * j * k). * (1 + Rtheta)./Rrho * deta. * rho0. * opd;
E2(gk,df) = sum(Ep(:,));
end
end
Ie = conj(E2). * E2;
% Ie = Ie/max(Ie(:));
figure;
surf(x,y,Ie);%绘制三维图
shading interp;
axis([ - rmax,rmax, - rmax,rmax])
grid off;
box on;
```

运行结果如图 3 - 28 所示。通过该图可以看出,聚焦光斑半径大约为 0.02 mm。

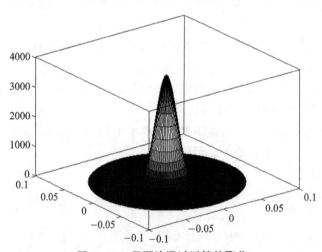

图 3 - 28　平面波通过透镜的聚焦

# 参考文献

[1] 欧攀. 高等光学仿真（MATLAB 版）[M]. 2 版. 北京:北京航空航天大学出版社,2014.

[2] 刘晨. 物理光学[M].合肥:合肥工业大学出版社,2006.

[3] 是度芳,李承芳,张国平. 现代光学导论[M].武汉:湖北科学技术出版社,2003.

[4] 陈军. 光学电磁理论[M].北京:科学出版社,2000.

[5] 周炳琨,高以智,陈倜嵘. 激光原理[M].北京:国防工业出版社,2000.

[6] 吴重庆. 光波导理论[M].北京:清华大学出版社,2004.

# 第 **4** 章

MATLAB 在信息光学中的应用举例

## 4.1 信息光学函数

在现代光学尤其是信息光学中,经常会用到一些函数,如矩形函数、阶跃函数、三角形函数、符号函数、sinc 函数、高斯函数和圆柱函数等,用以描述各种物理量,如光场的分布、透射率函数等。掌握和熟悉它们的定义、数学表达形式、功能和图形,有助于分析和理解许多光学现象。本节用 MATLAB 实现矩形函数、阶跃函数、符号函数、sinc 函数、高斯函数的绘制,运行这些程序并观察函数的图形有助于对这些函数有更为直观的感觉,同时可以更好地在计算机中使用和表达这些函数。

### 4.1.1 矩形函数

**1. 一维矩形函数**

一般形式矩形函数的表达式为

$$\text{hrect}\left(\frac{x-x_0}{a}\right) = \begin{cases} h, & \left|\dfrac{x-x_0}{a}\right| < \dfrac{1}{2} \\ \dfrac{h}{2}, & \left|\dfrac{x-x_0}{a}\right| = \dfrac{1}{2} \\ 0, & \left|\dfrac{x-x_0}{a}\right| > \dfrac{1}{2} \end{cases} \tag{4-1}$$

式中,$a>0$。式(4-1)所表示的函数是以点 $x=x_0$ 为中心,宽度为 $a$,高度为 $h$ 的矩形。在宽度为 $a$ 的区间内该函数值为 $h$,否则为 0。

在 MATLAB 中,一维矩形函数可用函数 rectpuls 来实现。

【例 4-1-1】用 MATLAB 画出中心在原点的单位矩形脉冲和中心在 1.5、脉宽为 2、高度为 1.5 的矩形脉冲。

MATLAB 程序如下:

```
x1 = -1.5:0.001:1.5;
y1 = rectpuls(x1);
x0 = 1.5;
x2 = -0.5:0.001:3.5;
a = 2;   y2 = 1.5 * rectpuls(x2 - x0,a);
subplot(1,2,1)
plot(x1,y1,'k','LineWidth',2)
title('单位矩形函数 ')
axis([-1 1 -0.1 1.2])
xlabel('x') ;   ylabel('rect(x)')
subplot(1,2,2)
```

```
plot(x2,y2,'k','LineWidth',2)
title('一般形式矩形函数')
axis([-0.5 3 -0.1 1.6])
xlabel('x');  ylabel('h*rect((x-x0)/w)')
```

运行结果如图4-1所示。

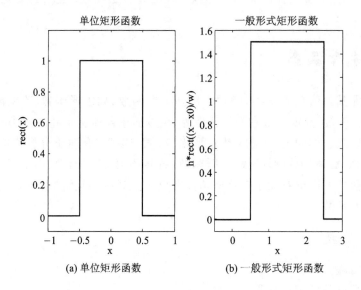

(a) 单位矩形函数  (b) 一般形式矩形函数

图 4-1  一维矩形函数

## 2. 二维矩形函数

二维矩形函数的一般表达式为

$$\text{rect}\left(\frac{x-x_0}{a},\frac{y-y_0}{b}\right)=\text{rect}\left(\frac{x-x_0}{a}\right)\text{rect}\left(\frac{y-y_0}{b}\right) \qquad (4-2)$$

表示中心位于 $(x_0,y_0)$，边长为 $a\times b$ 的均匀照明矩形孔的振幅透射系数。

【例4-1-2】用MATLAB画出中心位于(0,1)，边长为 $2\times3$ 的均匀照明矩形孔的振幅透射系数。

MATLAB程序如下：

```
%二维矩形函数图形
x=-2.5:0.05:2.5;
y=-2.5:0.05:3.5;
[X,Y]=meshgrid(x,y);
x0=0;y0=1;%中心点
a=2;b=3;%边长
Z=(rectpuls(X-x0,a)).*(rectpuls(Y-y0,b));
mesh(X,Y,Z)
set(gcf,'color',[1 1 1])
grid on
xlabel('X'),ylabel('Y'),zlabel('Z')
title('二维矩形函数图形')
```

运行结果如图4-2所示。

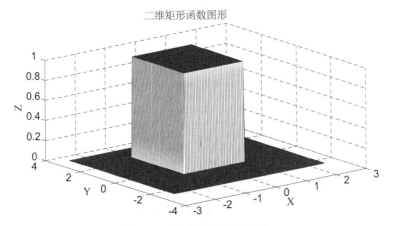

图 4-2　二维矩形函数图形

## 4.1.2　阶跃函数

一般形式的阶跃函数定义为

$$\operatorname{step}\left(\frac{x-x_0}{a}\right)=\begin{cases}0, & \dfrac{x}{a}<\dfrac{x_0}{a}\\[2mm]\dfrac{1}{2}, & \dfrac{x}{a}=\dfrac{x_0}{a}\\[2mm]1, & \dfrac{x}{a}>\dfrac{x_0}{a}\end{cases} \tag{4-3}$$

该函数在 $x=x_0$ 处有一个间断点,常数 $a$ 的正负号决定阶跃函数的方向。

在 MATLAB 中,阶跃函数可用海维赛德函数 heaviside 来实现。

【例 4-1-3】用 MATLAB 画出标准阶跃函数。

MATLAB 程序如下:

```
x = -3:0.01:3;
y = heaviside(x);
plot(x,y,'k','LineWidth',2)
axis([-3 3 -0.2 1.2])
xlabel('x');
ylabel('step(x)')
```

运行结果如图 4-3 所示。

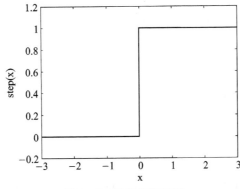

图 4-3　阶跃函数图形

### 4.1.3 符号函数

符号函数的定义为

$$\operatorname{sign}\left(\frac{x}{a}\right)=\begin{cases} 1, & \frac{x}{a}>0 \\ 0, & \frac{x}{a}=0 \\ -1, & \frac{x}{a}<0 \end{cases} \qquad (4-4)$$

在 MATLAB 中,符号函数可用函数 sign 来实现。

【例 4-1-4】用 MATLAB 画出中心在原点处的符号函数图形。

MATLAB 程序如下:

```
x = - 2:0.01:2;
y = sign(x);
plot(x,y,'k','LineWidth',2)
axis([ - 2 2 - 1.1 1.1])
xlabel('x');   ylabel('sign(x)')
```

运行结果如图 4-4 所示。

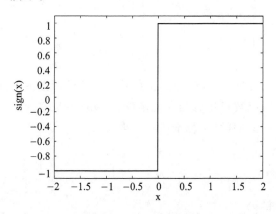

图 4-4   符号函数图形

### 4.1.4   sinc 函数

sinc 函数是光信息处理中常用的函数之一,sinc 函数与矩形函数互为傅里叶变换对,两者有着密切的关系。由于 sinc 函数与矩形函数之间的这种紧密联系,所以它在信息光学中经常用到。

一维 sinc 函数的定义为

$$\operatorname{sinc}\left(\frac{x-x_0}{a}\right)=\frac{\sin(\pi(x-x_0)/a)}{\pi(x-x_0)/a} \qquad (4-5)$$

二维 sinc 函数的定义为

$$\operatorname{sinc}\left(\frac{x}{a},\frac{y}{b}\right)=\frac{\sin(\pi(x-x_0)/a)}{\pi(x-x_0)/a}\frac{\sin(\pi(y-y_0)/b)}{\pi(y-y_0)/b} \qquad (4-6)$$

式中,$a>0$,$b>0$。在 MATLAB 中,一维 sinc 函数可用函数 sinc 来实现。

【例 4 - 1 - 5】用 MATLAB 画出中心在原点处的一维和二维 sinc 函数图形。

MATLAB 程序如下：

```
% sinc 一维图形
x = - 4.5:0.01:4.5;
sinc = sin(pi * x)./(pi * x);
subplot(1,2,1)
plot(x,sinc)
axis([- 4.5 4.5 - 0.3 1.1])
grid on
xlabel('x')
ylabel('sinc (x)')
title('sinc 一维图形')
% sinc 二维图形
y = - 4.5:0.01:4.5;
[X,Y] = meshgrid(x,y);
Z = (sin(pi * X)./(pi * X)) .* (sin(pi * Y)./(pi * Y));
subplot(1,2,2)
mesh(X,Y,Z)
grid on
xlabel('X'),ylabel('Y'),zlabel('ZY')
title('sinc 二维图形')
```

运行结果如图 4 - 5 所示。

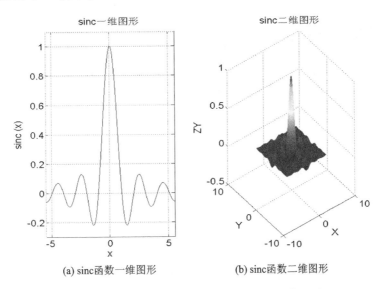

(a) sinc 函数一维图形　　　　(b) sinc 函数二维图形

**图 4 - 5　中心在原点处的一维和二维 sinc 函数图形**

## 4.1.5　高斯函数

一维高斯函数的定义：

$$\text{gaus}\left(\frac{x - x_0}{a}\right) = \exp\left[-\pi\left(\frac{x - x_0}{a}\right)^2\right] \tag{4 - 7}$$

式中，$a > 0$。当 $x_0 = 0$ 时，函数在原点处有最大值 1。高斯图形中曲线下的面积为 $a$。

二维高斯函数的定义：

若您对此书内容有任何疑问，可以登录MATLAB中文论坛与同行们交流。

$$\text{gaus}\left(\frac{x}{a},\frac{y}{b}\right)=\exp\left\{-\pi\left[\left(\frac{x}{a}\right)^2+\left(\frac{y}{b}\right)^2\right]\right\} \tag{4-8}$$

激光器发出的高斯光束常可用高斯函数来描述。二维高斯函数可用来描述基横模激光束在垂直于传播方向的振幅分布,在光学信息处理中,基于衍射的非相干处理的"切趾术"也会用到高斯函数。

【例4-1-6】用MATLAB画出一维和二维高斯函数图形。

MATLAB程序如下:

```
%一维和二维高斯函数图形。本题编者直接从高斯函数的定义出发绘制高斯函数图形,读者也可以
%采用 gaussmf 这个函数绘制高斯函数图形
%高斯函数一维图形
x = -4.5:0.01:4.5;
gaus = exp(-pi * x.^2);
subplot(1,2,1)
plot(x,gaus)
axis([-4.5 4.5 -0.3 1.1])
grid on
xlabel('x')
ylabel('gaus (x)')
title('高斯函数一维图形')
%高斯函数二维图形
subplot(1,2,2)
y = -4.5:0.01:4.5;
[X,Y] = meshgrid(x,y);
Z = exp(-pi * (X.^2 + Y.^2));
mesh(X,Y,Z)
grid on
xlabel('X'),ylabel('Y'),zlabel('ZY')
title('高斯函数二维图形')
```

运行结果如图4-6所示。

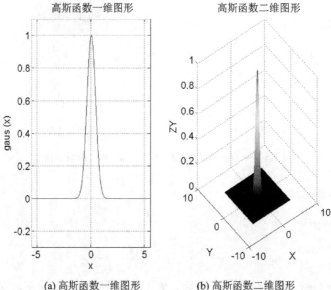

(a) 高斯函数一维图形　　　　(b) 高斯函数二维图形

图4-6　中心在原点处的一维和二维高斯函数图形

## 4.2　傅里叶变换

傅里叶变换是现代光学的一个分支，它利用光学方法实现二维函数傅里叶变换，空间频谱就是傅里叶变换。用傅里叶分析方法和线性系统理论来描写成像系统，使人们研究光学不再局限于空域，而像电子通信理论一样在频域中描述和处理光学信息。本节主要用二维图像表示原物像，经过傅里叶变换后，得到衍射图样并显示图像频谱。

【例 4-2-1】利用 MATLAB 语言绘制圆孔输入物。

建模：在进行傅里叶变换的仿真实现时，需要绘制大量的输入物体（图像），如圆孔、方孔、十字、三角孔等物体。可以从文件中读入图像，这种方式简单快捷，但无法改变读入图像的大小，使演示实验的灵活性受到限制。使用程序生成各种衍射屏模板可以方便地控制模板的大小及位置。利用 MATLAB 语言编程可以方便地实现各种衍射屏模板的制作。平面上的几何图形总是满足一定的函数关系，例如圆的函数关系式为：$x^2 + y^2 = D^2$，式中，$D$ 表示圆的半径，由此可以确定圆孔、圆屏和圆环。衍射屏模板的灰度值为 0 和 1，灰度值为 0 表示模板不透光，灰度值为 1 表示模板透光，所以圆孔内的灰度值为 1，孔外灰度值为 0。圆屏则正好相反，孔内的灰度值为 0，孔外灰度值为 1。在 MATLAB 中，由函数 meshgrid 生成矩阵 $m$ 和 $n$，按照这两个矩阵寻址可确定用矩阵 $U$ 表示的平面上的任意像素。找到满足函数关系式的所有像素点，然后按要求对其赋值，就可以得到需要的衍射屏模板。MATLAB 语言提供的单下标寻址的方式 i＝find()可以方便地对满足给定条件的像素点进行寻址。

MATLAB 程序如下：

```
clc;
clear;
N = 1024;
I64 = zeros(N,N);          % 预定义平面 I64 的灰度值为 0
[m,n] = meshgrid(linspace(- N/2,N/2-1,N));        % 确定坐标系及坐标原点的位置
r = input('请输入圆的半径 r=');        % 输入圆的半径大小控制变量 r(单位 Pixel)
a = input('请输入圆心位置的控制变量 a=');        % 输入圆心位置控制变量 a
b = input('请输入圆心位置的控制变量 b=');        % 输入圆心位置控制变量 b
D = ((m + a).^2 + (n + b).^2).^(1/2);        % 圆函数关系式
i = find(D< = r);        % f 返回满足条件 D< = r 的像素点的单下标值
I64(i) = 1;        % 像素点赋值
imshow(I64);        % 显示图像
```

运行结果如图 4-7(a)所示。

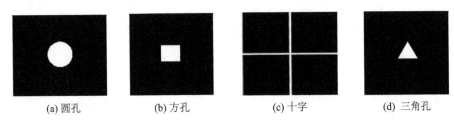

(a) 圆孔　　　　(b) 方孔　　　　(c) 十字　　　　(d) 三角孔

图 4-7　各种输入物

只要对上述程序稍作修改，便可得到方孔、十字、三角孔等物体(见图 4-7(b)～(d))。例如，运行下列程序便可得到方形孔。

```
N = 1024;
I64 = zeros(N,N);
[m,n] = meshgrid(linspace( - N/2,N/2 - 1,N));
i = find(m< = 30&m> = - 30&n< = 30&n> = - 30);    %将此句修改为 i = find((m< = 10&m> =
                                                  % - 10)|(n< = 10&n> = - 10)),便可得到十字
I64(i) = 1;
imshow(I64);
```

【例 4 - 2 - 2】三角孔和矩形孔的傅里叶频谱观察。

建模:一个满足一定条件的任意空间坐标实函数或复函数 $g(x,y)$ 可以进行傅里叶变换:

$$G(\xi,\eta) = F\{g(x,y)\} =$$
$$\iint g(x,y)\exp[- j2\pi(\xi x + \eta y)]dx\,dy \qquad (4-9)$$

那么,空域函数 $g(x,y)$ 则为频谱函数 $G(\xi,\eta)$ 的逆傅里叶变换,即

$$g(x,y) = F^{-1}\{G(\xi,\eta)\} =$$
$$\iint G(\xi,\eta)\exp[j2\pi(\xi x + \eta y)]d\xi\,d\eta \qquad (4-10)$$

在光学实验中,根据透镜的傅里叶变换性质,光的复振幅分布就是空域函数 $g(x,y)$ 的频谱函数 $G(\xi,\eta)$,因此可以通过求频谱的振幅谱函数来研究空间频谱。

利用 MATLAB 函数库中的 fft2 函数对图像矩阵进行离散傅里叶变换得到图像频谱,然后计算该频谱的振幅谱矩阵,经过归一化后显示出来,并画出振幅谱。

MATLAB 程序如下:

```
clear
imga = imread('fft4.jpg');
grid on
figure(1);
imshow(imga,[ ]);
imgray0 = rgb2gray(imga);
imgray1 = double(imgray0);
afft = fft2(imgray1);                    %傅里叶变换

afftI = fftshift(afft);                  %直流分量移到频谱中心
RR = real(afftI);                        %取傅里叶变换的实部
II = imag(afftI);                        %取傅里叶变换的虚部
A = sqrt(RR.^2 + II.^2);                 %计算频谱幅值
A = (A - min(min(A)))/(max(max(A)) - min(min(A))) * 255;        %归一化
figure(2);
imshow(A);                               %显示原图像的像

[m,n] = size(A);
[x,y] = meshgrid(1:n,1:m);
figure(4)
mesh(x,y,A)
```

运行结果如图 4 - 8 和图 4 - 9 所示。

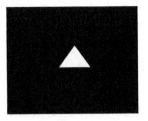  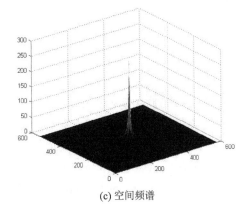

(a) 三角孔原始图像　　　(b) 傅里叶变换后的图像　　　(c) 空间频谱

**图 4-8　三角孔衍射的光强分布和振幅谱**

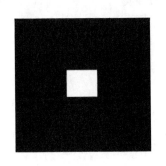  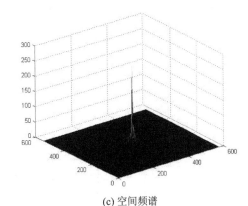

(a) 矩形孔原始图像　　　(b) 傅里叶变换后的图像　　　(c) 空间频谱

**图 4-9　矩形孔衍射的光强分布和振幅谱**

## 4.3　卷积定理

卷积是含参变量的无穷积分定义的函数,与傅里叶变换有密切关系。函数 $g_1(x)$ 和函数 $g_2(x)$ 的一维卷积的定义如下:

$$g(x) = \int_{-\infty}^{+\infty} g_1(\alpha) gM_2(x-\alpha)\mathrm{d}\alpha = g_1(x) * g_2(x) \tag{4-11}$$

这里参变量 $x$ 和积分变量 $\alpha$ 皆为实数;函数 $g_1(x)$ 和 $g_2(x)$ 可为实数,也可为复数。

由于光学图像大多是二维图像,故定义 $g_1(x,y)$ 和 $g_2(x,y)$ 二维卷积如下:

$$g(x,y) = \iint_{\infty} g_1(\alpha,\beta) g_2(x-\alpha, y-\beta)\mathrm{d}\alpha\mathrm{d}\beta = g_1(x,y) * g_2(x,y) \tag{4-12}$$

函数卷积的傅里叶变换是函数傅里叶变换的乘积,即一个域中的卷积对应于另一个域中的乘积,这就是卷积定理的基本思想。本节主要从卷积的光学模拟出发,通过仿真实验学习卷积与卷积定理。

【例 4-3-1】卷积定理的仿真。

建模:两个函数 $g_1(x,y)$ 和 $g_2(x,y)$,它们的傅里叶变换分别为 $G_1(\alpha,\beta)$ 和 $G_2(\alpha,\beta)$,即

**97**

$$G_1(\alpha,\beta)=F\{g_1(x,y)\} \qquad\qquad (4-13a)$$
$$G_2(\alpha,\beta)=F\{g_2(x,y)\} \qquad\qquad (4-13b)$$

则有

$$F\{g_1(x,y)\cdot g_1(x,y)\}=G_1(\alpha,\beta)*G_2(\alpha,\beta)$$

或 $\qquad\qquad F\{g_1(x,y)*g_1(x,y)\}=G_1(\alpha,\beta)\cdot G_2(\alpha,\beta) \qquad (4-14)$

这就是卷积定理,表明两个函数乘积的傅里叶变换等于它们各自傅里叶变换的卷积,反之两个函数卷积的傅里叶变换等于它们各自傅里叶变换的乘积。

在光学实验中求两个函数的卷积时,是将两个函数的傅里叶逆变换制成透明片,设其透射率函数分别为 $g_1(x,y)$ 和 $g_2(x,y)$,将这两张透明片重叠置于输入面内,用单色平行光照明,透射光就是 $g_1$ 和 $g_2$ 的乘积,在频谱上就得到原来两个函数的卷积,即 $G_1(\alpha,\beta)*G_2(\alpha,\beta)$。如图 4-10 所示,M 为反射镜,P 为接收屏幕,$g_1$ 和 $g_2$ 为将两个函数的傅里叶逆变换制成的透明片。

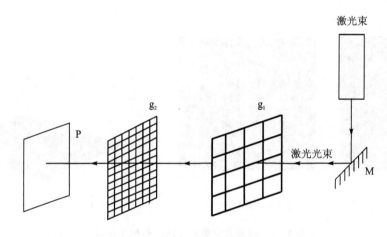

图 4-10 卷积定理光路图

卷积本身的概念较为抽象,卷积运算比较复杂,其运算过程包括反转、平移、相乘和积分四个步骤。为了形象地演示卷积定理,这里采用两个图形比较简单的输入图像,即两块空间频率相同的水平光栅和竖直光栅作为目标。如图 4-11 所示,它们的频谱是一些规则的一维点阵,其频谱分得开一些,二者频域的卷积和时域相乘的结果相同,而且并不是两个图形的集合叠加,而是将一个图形加到另一图形的每一点上,这样就生动地显示出了卷积的过程和几何意义。

MATLAB 程序如下:

```
clear;
A = zeros(200,200);        %竖直光栅
for i = 1:10
    A(:,20 * i - 9:20 * i) = 1;
end
B = zeros(200,200);        %水平光栅
for i = 1:10
    B(20 * i - 9:20 * i,:) = 1;
end
C = A. * B;                %时域相乘
c = abs(fftshift(fft2(C)));
```

```
cc1 = abs(fftshift(fft2(C)));
aa = abs(fftshift(fft2(A)));
bb = abs(fftshift(fft2(B)));
cc = conv2(aa,bb);              % 频域卷积
figure(1);
subplot(1,2,1);imshow(B);
subplot(1,2,2);imshow(bb);
figure(2);
subplot(1,2,1);imshow(A);
subplot(1,2,2);imshow(aa)
figure(3);
imshow(c);
figure(4);
imshow(cc);
```

实验结果如图 4 - 11 所示。

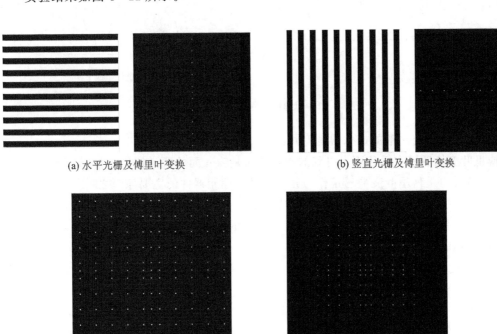

(a) 水平光栅及傅里叶变换

(b) 竖直光栅及傅里叶变换

(c) 时域相乘的傅里叶变换

(b) 频域卷积结果

**图 4 - 11　卷积定理的仿真**

# 4.4　傅里叶透镜的仿真

　　在光学图像处理系统中,用于频谱分析的透镜称为傅里叶变换透镜(简称傅里叶透镜),它是光学信息处理系统中最常用的基本部件之一。一般所说的傅里叶透镜实际上是指带调节架的透镜组,其作用广泛,可以消除像差,变换光路,还可以做代数运算。本节主要通过仿真使读者更好地理解傅里叶透镜。

【例4-4-1】傅里叶透镜成像的仿真。

建模：傅里叶透镜的结构形式很多，图4-12给出了两种典型结构。图4-12(a)所示为单组形式，由正负两片透镜组成。这能使两对共轭面上的球差和正弦差得到很好地校正，因为视场和孔径都很小，轴外像差不很严重，相对孔径一般小于1/10。图4-12(b)由两组正负透镜组成，所以校正场曲，其他像差也得到很好地校正，这种形式的最大优点是前后焦点之间的距离可以小于焦距。因此，同样大小的工作台，采用此种结构的透镜时，其焦距可增大一倍。焦距长的透镜，频谱面上的衍射图样尺寸也大，因此便于进行滤波。

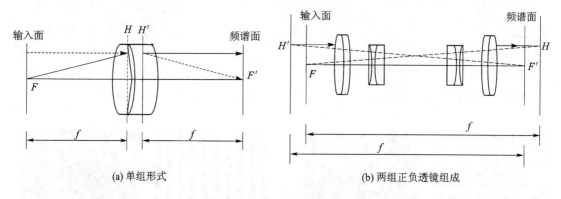

(a) 单组形式　　　　　　　　　(b) 两组正负透镜组成

**图4-12　傅里叶透镜的两种结构**

傅里叶变换透镜与一般的成像透镜不同，具有自己独有的特点：

① 傅里叶变换透镜在后焦面上得到的不是像而是输入面的频谱信息，而且频谱线性要求严格。这个特性也是傅里叶变换透镜作为光学信息处理元器件的主要原因之一。

② 傅里叶变换透镜必须校正两对共轭位置(除畸变以外)的全部像差，一对是以输入面处衍射后的平行光作为物方(相当于物在无穷远)，对应的像方是频谱面；另一对是以输入面作为物体，对应的像在像方无穷远处。

③ 傅里叶变换透镜必须满足正弦条件 $y = \sin\theta$。这是使后焦面上的频谱位置和衍射级次呈线性关系的必要条件。

④ 傅里叶变换透镜一般用于相干光中，因此灰尘划痕、气泡等瑕疵会引起强烈的相干噪声。噪声会随着镜头片数的增加而变得严重，因此在光学设计时应尽量减少镜片的数量。

MATLAB程序如下：

```
clear
a = imread('fft2.jpg');        %分别读入 jpg 形式的矩形孔、十字架、伞形孔、字体孔等输入物
figure(1)
imshow(a,[]);
afft = fft2(a);
aa = ifft2(fftshift(afft));
figure(2)
imshow(aa,[])
```

运行结果如图4-13所示。图4-13分别为矩形孔、十字架、伞形孔、字体孔及其对应的像。

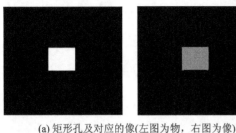

(a) 矩形孔及对应的像(左图为物，右图为像)　　　　(b) 十字架及对应的像(左图为物，右图为像)

(c) 伞形孔及对应的像(左图为物，右图为像)　　　　(d) 字体孔及对应的像(左图为物，右图为像)

图 4-13　傅里叶变换实例对比

## 4.5　计算全息

光学全息图是直接利用光学干涉法在记录介质上记录物光波和参考光波叠加后形成的干涉图样。假如物体并不存在，而只知道光波的数学描述，也可以利用计算机，并通过计算机控制绘图仪或其他记录装置，将模拟的干涉图样绘制和复制在透明胶片上。这种计算机合成的全息图称为计算全息图。当用光波照射全息图时，由于衍射原理，能重现出原始物光波，从而形成与原物体逼真的三维像，这个波前记录和重现的过程称为光学全息术或全息照相。计算全息图和光学全息图一样，可以用光学方法再现出物光波，但两者有本质的差别。光学全息唯有实际物体存在时才能制作，而计算全息的合成中，只要在计算机中输入实际物体或者虚构物体的数学模型就可以了。计算全息再现的三维像是现有技术中所能得到的唯一的三维虚构像，具有重要的科学意义。

### 4.5.1　全息透镜

全息光学元件是用干涉法制成的一种薄膜光学元件，不但具有良好的成像性质，而且具有普通光学元件所达不到的光学性能。由于其加工制作上具有灵活性高、重量轻、造价高、易于分割等特点，正越来越受到关注，成为传统光学元件的有益补充及强有力的竞争对象。

【例 4-5-1】全息透镜的仿真。

建模：以球面波为载波记录全息透镜具有普遍性，并且球面波比平面波具有更多的参数可供选择和调节，易于满足设计要求。因此，在此应用一种以球面波为载波的计算全息透镜分析设计方法。设在全息图平面上物光、参考光的复振幅分别为

$$O(x,y)=O_0(x,y)\exp\{\mathrm{j}\varphi_0(x,y)\} \tag{4-15}$$

$$R(x,y)=R_0(x,y)\exp\{\mathrm{j}\varphi_R(x,y)\} \tag{4-16}$$

式中,$\varphi_0(x,y)$和$\varphi_R(x,y)$分别为物光、参考光在全息图平面上的位相分布。全息图的透过率函数为

$$l_H = (O+R)(O^*+R^*) = O_0^2 + R_0^2 + 2O_0R_0\cos(\varphi_0 - \varphi_R) \qquad (4-17)$$

位相分布用相对于原点处光线的位相差表示,如图 4 - 14 所示。

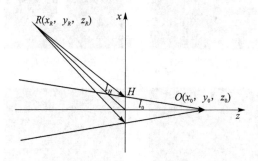

**图 4 - 14   全息透镜的记录**

由图 4 - 14 可以得到

$$\varphi_R(x,y) = \frac{2\pi}{\lambda}\left\{\left[(x-x_R)^2 + (y-y_R)^2 + z_R^2\right]^{1/2} - (x_R^2 + y_R^2 + z_R^2)^{1/2}\right\} \quad (4-18)$$

令 $x_R^2 + y_R^2 + z_R^2 = l_R^2$,代入式(4-18)可得到透过率函数 $l_H(x,y)$。$l_H(x,y)$代表全息透镜上点$(x,y)$的灰度,采用二元编码方法,即可得二元全息透镜。

另外,由理论分析可知,高级次衍射波比低级次衍射波占据更大的空间范围,为了使得再现时一级衍射波与其他高级次衍射波分开,应合理选择载波参数 $x_R,y_R$ 和 $z_R$,经推导球面波载波需满足的条件是

$$-\frac{x_R}{l_R} = 2\frac{D}{uf'} \qquad (4-19)$$

式中,$D$ 为全息透镜的孔径;$f'$ 为全息透镜的焦距;$u = \lambda/\lambda_0$,$\lambda$ 为再现波长,$\lambda_0$ 为记录波长。全息透镜的焦距与记录点位置与坐标原点的距离有关,即

$$\frac{1}{f'} = \frac{\lambda_0}{\lambda}\left(\frac{1}{l_0} - \frac{1}{l_R}\right) \qquad (4-20)$$

MATLAB 程序如下:

```
clear
x = linspace( - 0.0023,0.0023,500);
y = linspace( - 0.0023,0.0023,500);
[xx,yy] = meshgrid(x,y);
xr = 0.1;yr = 0;zr = 0.1;        % R 点位置
x0 = 0;y0 = 0;z0 = 0.5;          % 0 点位置
Lr = sqrt(xr^2 + yr^2 + zr^2);
L0 = sqrt(x0^2 + y0^2 + z0^2);
Fir = - pi/(0.6328 * (10^ - 5) * Lr) * [xx.^2 + yy.^2 - 2 * (xx. * xr + yy. * yr)];
Fi0 = - pi/(0.6328 * (10^ - 5) * L0) * [xx.^2 + yy.^2 - 2 * (xx. * x0 + yy. * y0)];
zz = 0.5 + 0.5 * [cos(Fi0 - Fir)];     % 全息透镜的透过率函数
I = zz;
J = mat2gray(I);
imshow(J);
```

仿真结果如图 4 - 15 所示。

**图 4-15　输出全息透镜图像**

## 4.5.2　二元傅里叶变换全息图

光学全息图记录的是物光与参考光发生干涉后的干涉条纹,如果用人工的方法把干涉条纹(亮纹或暗纹)的位置计算出来,再用绘图机绘制,经过精缩以后就是一幅全息图。

在线性记录的条件下,光学全息图是正弦型的,要想绘制出正弦型的条纹是非常困难的,但是用计算机控制画出黑白(或透明与不透明)条纹是能做到的。这种黑白条纹通过精缩成为透明与不透明相间的条纹胶片,称为计算二元全息图。

【例 4-5-2】二元傅里叶变换计算全息图的制作。

建模:二元傅里叶变换计算全息图的制作过程主要分以下 4 个步骤:

(1) 物面和全息抽样

计算机只能处理数字信号,要利用计算机进行全息图的制作,必须先对物面和全息面进行抽样。设物面波函数为

$$\begin{cases} f(x,y)=a(x,y)\exp[\mathrm{j}\varphi(x,y)] \\ f(x,y)=0, \quad |x|\leqslant\dfrac{\Delta x}{2}, \quad |y|\leqslant\dfrac{\Delta y}{2} \end{cases} \tag{4-21}$$

即平面物体的空间大小为 $\Delta x\times\Delta y$。其中,$a(x,y)$ 为幅值,$\varphi(x,y)$ 为相位,$\Delta x$ 和 $\Delta y$ 分别为平面物体在 $x$ 和 $y$ 方向上的宽度。其傅里叶变换为

$$\begin{cases} F(u,v)=A(u,v)\exp[\mathrm{j}\varphi(u,v)] \\ F(u,v)=0, \quad |u|\leqslant\dfrac{\Delta U}{2}, \quad |v|\leqslant\dfrac{\Delta V}{2} \end{cases} \tag{4-22}$$

式中,$A(u,v)$ 为空间频谱幅值,$\varphi(u,v)$ 为空间频谱相位,$\Delta U$ 和 $\Delta V$ 分别为空间频谱在 $U$ 和 $V$ 两个方向上的宽度。

现根据抽样定理对物函数 $f(x,y)$ 进行抽样。设在 $x$ 和 $y$ 轴上的抽样单元数分别为 $M$ 和 $N$,抽样间距分别为 $x_0$ 和 $y_0$,则物面波可写成如下的离散形式:

$$f_{mn}=f(mx_0,ny_0) \tag{4-23}$$

式中,$m,n$ 为抽样单元的序数。

$$-\frac{M}{2}\leqslant m\leqslant\frac{M}{2}-1, \qquad -\frac{N}{2}\leqslant n\leqslant\frac{N}{2}-1 \tag{4-24}$$

总抽样数 $M\times N$。

用同样的方法对傅里叶变换全息图 $F(u,v)$ 进行抽样。根据空间带宽积在变换传递中不变性的原理,全息图的抽样数至少要等于(或大于)物场的抽样数,在全息图面上的总抽样数也取为 $M\times N$。

$$F_{mn} = F(mu_0, nv_0), \qquad -\frac{M}{2} \leqslant m \leqslant \frac{M}{2}-1, \qquad -\frac{N}{2} \leqslant n \leqslant \frac{N}{2}-1 \quad (4-25)$$

式中,$u_0$ 和 $v_0$ 分别为 $u$ 和 $v$ 方向的抽样间距。

(2) 离散傅里叶变换(DFT)

物光波经离散化后,接着对各抽样点计算离散傅里叶变换(DFT),计算出全息图面上各抽样点的复振幅。采用公式如下:

$$F_{mn} = \sum_{s=-\frac{M}{2}}^{\frac{M}{2}-1} \sum_{t=-\frac{N}{2}}^{\frac{N}{2}-1} f_{st} \exp\left[-j2\pi\left(\frac{ms}{M} + \frac{nt}{N}\right)\right] \quad (4-26)$$

经 DFT 之后的 $F_{mn}$ 为复数,$F_{mn} = C_{mn} + jD_{mn}$,$C_{mn}$,$D_{mn}$ 分别为实部和虚部,则全息图上各抽样点的幅值和相位分别为

$$A_{mn} = \sqrt{C_{mn}^2 + D_{mn}^2}, \qquad \Phi_{mn} = \arctan\frac{D_{mn}}{C_{mn}} \quad (4-27)$$

(3) 编 码

编码是将全息图上各抽样点的复振幅,按给定的照明光波,用人为的方法实现。根据罗曼Ⅲ型编码方式,幅值和相位信息的记录可采用如下方式:在全息图的抽样单元中,放置一个通光孔径,矩形孔的宽度 $W$ 取为定值,波面中的幅值通过矩形孔的高度进行调制;波面的相位通过改变矩形孔中心距离抽样单元中心的位置来调制。在 MATLAB 程序实现中,选择的编码参数如下:

矩形孔高度: $\qquad\qquad\qquad l_{mn} = A_{mn}$

矩形孔中心偏离抽样单元中心距离: $p_{mn} = \dfrac{\Phi_{mn}}{2\pi}$

矩形孔的宽度: $\qquad\qquad W = \dfrac{1}{2} \times$ 抽样单元宽度

(4) 绘图或显示

用计算机完成幅值和相位编码后即可制作计算全息图,并把它缩小到合适的尺寸。

MATLAB 程序如下:

```
close all;
clc;clear
A = zeros(64);
A(15:20,20:40) = 1;A(15:50,20:25) = 1;
A(45:50,20:40) = 1;A(30:34,20:35) = 1;
% ppp = exp(rand(64) * pi * 2 * i);A = A. * ppp;
figure;
imshow(abs(A),[ ]);
Fa = fft2(fftshift(A));
Fs = fftshift(Fa);
Am = abs(Fs);      % 幅度
Ph = angle(Fs);    % 相位
s = 11;
cgh = zeros(64 * s);
th = max(max(abs(Fs)));
qq = th/1.2;
Am(Am > qq) = qq;
q = 1:s;w = (s + 1)/2;
```

```
for m = 1:64;
    for n = 1:64;
        h = round(Am(m,n)/qq * (w − 1) − 0.5);
        md = zeros(s);
        if h > 0;
            td = ones(h * 2 + 1,3);
            Pm = round(Ph(m,n)/pi * 3);
            kz = Pm + w;
            md(w − h:w + h,kz − 1:kz + 1) = td;
        end
        cgh((m − 1) * s + q,(n − 1) * s + q) = md;
    end
end
figure;imshow(cgh,[]);       % 迂回相位编码结果
Re = ifft2(cgh);   Re = fftshift(Re);
figure;imshow(abs(Re),[]);        % 再现图像
```

运行结果如下:实验中使用的字符信息是用 MATLAB 绘制的字符"E",如图 4 − 16 所示。计算全息图如图 4 − 17 所示。再现图像如图 4 − 18 所示。

图 4 − 16    MATLAB 绘制的字符"E"

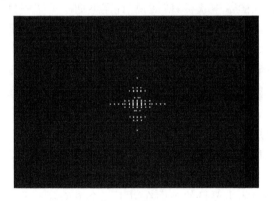

图 4 − 17    字符"E"的 MATLAB 模拟
计算全息图

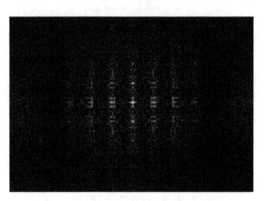

图 4 − 18    字符"E"的 MATLAB 模拟
计算全息图的再现图像

# 参考文献

[1] 欧攀. 高等光学仿真(MATLAB 版)[M]. 2 版. 北京:北京航空航天大学出版社,2014.

[2] 罗元,胡章芳,郑培超. 信息光学实验教程[M]. 哈尔滨:哈尔滨工业大学出版社,2011.

[3] 陈家祯,郑子华. MATLAB 中二元傅里叶变换计算全息图的算法[J]. 福建大学学报,2003,7(2):122 − 125.

[4] BAHARA J, JOSEPH L H. Optical Pattern Recognition for Validation and Security Verification[J]. Optical Engineering,1994,33(6):1752 − 1755.

[5] 盛兆玄,王红霞,何俊发,等. 二元计算全息图两种制作算法的研究[J]. 光电子技术与信息,2005,2(7):43 − 46.

# 第5章

## MATLAB 在光电图像处理中的应用

光电图像处理是指计算机系统通过光学系统和光电图像传感器,将自然界中的模拟图像转换为计算机中的数字图像,进而对图像进行处理和分析。因此,光电图像处理以光电成像技术、光显示技术以及光度学、色度学方面的知识为基础,以计算机数字图像处理技术为主体,主要讲述计算机系统如何通过光电成像系统将自然界的模拟图像转变为计算机中的数字图像,进而对图像进行处理和分析。本章主要讲述如何用 MATLAB 软件对被转换成的数字图像进行处理。

## 5.1 图像及数字图像简介

所谓图像就是对客观存在物体的一种相似性描述,它包含了被描述对象的相关信息。据统计,一个人获取的信息主要来自视觉,也就是说从图像中获得,俗话说"百闻不如一见""一目了然""眼见为实",它们都说明图像中所含的信息内容非常丰富,而事实上图像也确实带有大量的信息,是最主要的信息源。

图像的种类很多,根据人眼的视觉特性可将图像分为可见图像和不可见图像。按图像像素空间坐标和亮度(或色彩)的连续性可分为模拟图像和数字图像。模拟图像是指空间坐标和亮度(或色彩)都是连续变化的图像,如用幻灯片、透射片或反射片制作的图像;数字图像是一种空间坐标和灰度均不连续的、用离散数字(一般用整数)表示的图像。

数字图像的存储方式一般有两种,即矢量图形(如.ai、.eps、.emf 格式图像)和位图图像(如.tif 格式图像)。

一般来讲,对数字图像进行处理(或加工、分析)的主要目的集中在以下三个方面:① 图像数据的变换、编码和压缩,以便于图像的存储和传输。② 提高图像的视感质量,如进行图像的亮度、彩色变换,增强、抑制某些成分图像并进行代数变换等,以改善图像的视觉效果。③ 提取图像中所包含的某些特征或特殊信息,这些被提取的特征或信息往往为计算机分析图像提供便利。提取特征或信息的过程是模式识别或计算机视觉的预处理。提取的特征可以包括很多方面,如频域特征、灰度或颜色特征、边界特征、区域特征、纹理特征、形状特征、拓扑特征和关系结构等。

因此,数字图像处理概括地说主要包括图像的转换和存储、图像视觉优化和图像理解三个层次。基于 MATLAB 的数字图像处理主要支持索引图像、RGB 图像、二进制图像和灰度图像。下面分别介绍它们的含义。

### 5.1.1 索引图像

索引图像包括图像矩阵与颜色图矩阵。其中,颜色图矩阵是按图像中颜色值进行排序后生成的矩阵。对于每个像素,图像矩阵包含一个值,这个值就是颜色图矩阵中的索引。颜色图矩阵为 $m \times 3$ 的双精度值矩阵,各行分别指定红、绿、蓝($R,G,B$)单色值,且 $R$、$G$、$B$ 均为值域的实数值。

　　图像矩阵与颜色图矩阵的关系依赖于图像矩阵是双精度类型还是无符号 8 位整数类型。如果图像矩阵为双精度类型,则第一点的值对应于颜色图的第一行,第二点的值对应于颜色图的第二行,依次类推,各个点的值都对应于相应颜色图的各个行;如果图像矩阵是无符号 8 位整数类型,且有一个偏移量,则第 0 点的值对应于颜色图的第一行,第一点的值对应于颜色图的第二行,依次类推,则无符号 8 位整数类型常用于图形文件格式,且它支持 256 色。

　　索引图像一般用于存放色彩要求比较简单的图像,如 Windows 中色彩构成比较简单的壁纸多采用索引图像存放,如果图像的色彩比较复杂,就要用到 RGB 真彩色图像。

## 5.1.2　RGB 图像

　　真彩色是 RGB 颜色的另一种流行叫法。从技术角度考虑,真彩色是指写到磁盘上的图像类型,而 RGB 颜色是指显示器的显示模式。RGB 图像的颜色是非映射的,它可以从系统的颜色表里自由获取所需的颜色,这种图像文件里的颜色直接与计算机上的显示颜色相对应。在真彩色图像中,每一个像素由红、绿和蓝这三个字节组成,每个字节为 8 bit,表示 0～255 之间的不同的亮度值,这三个字节组合可以产生 $256 \times 256 \times 256 = 2^{24} = 16\,777\,216 = 4\,096^2$(相当于 $4\,096 \times 4\,096$ 大小的图像)种不同的颜色。

　　一幅 RGB 图像就是彩色像素的一个数组,其中的每一个彩色像素点都是在特定空间位置的彩色图像相对应的红、绿、蓝三个分量。RGB 也可以看成是一个由三幅灰度图像形成的"堆",当将其送到彩色监视器的红、绿、蓝输入端时,便在屏幕上产生了一幅彩色图像。按照惯例,形成一幅 RGB 彩色图像的三个图像常称为红、绿或蓝分量图像。分量图像的数据类决定了它们的取值范围。若一幅 RGB 图像的数据类是 double,则它的取值范围就是[0,1]。类似地,类或类 RGB 图像的取值范围分别是[0,255]或[0,65 535]。

　　MATLAB 中的 RGB 数组可以是双精度的浮点数类型、8 位或 16 位无符号的整数类型。在 RGB 的双精度型数组中,每一种颜色用 0 和 1 之间的数值表示。例如,颜色值是(0,0,0)的像素,显示的是黑色;颜色值是(1,1,1)的像素,显示的是白色。每一个像素的三个颜色值分别保存在数组的第三维中。例如,像素(10,5)的红、绿、蓝颜色值分别保存在元素 RGB(10,5,1)、RGB(10,5,2)、RGB(10,5,3)中。

## 5.1.3　二值图像

　　在二值图像中,每个点为两个离散值中的一个,这两个值分别代表"开"或"关"。二进制图像被保存在一个二维的由 0(关)和 1(开)组成的矩阵中。从另一个角度讲,二进制图像可以看做一个仅包括黑与白的特殊灰度图像,也可看做仅有两种颜色的索引图像。

　　二值图像可以保存为双精度或类型的数组,显然使用类型更节省空间。在图像处理工具箱中,任何一个返回二进制图像的函数都是以类型逻辑数组来返回的。

## 5.1.4　灰度图像

　　在 MATLAB 中,灰度图像是保存在一个矩阵中的,矩阵中的每一个元素代表一个像素点。矩阵可以是双精度类型,其值域为[0,1];矩阵也可以是 unit8 类型,其数据范围为[0,255]。矩阵的每一个元素代表不同的亮度或灰度级。其中,亮度为 0,表示黑色;亮度为 1(或者 unit8 类型的 255),则代表白色。

## 5.2 数字图像的读取、显示及输出

MATLAB为用户提供了专门的函数从各种图像格式的文件中读写图像数据。这种方法不像其他编程语言,需要编写复杂的代码,只需要简单地调用MATLAB提供的函数即可。MATLAB支持的图像文件格式在5.1节中已经介绍过。用于图像文件I/O的工具箱函数是imread、imshow和imwrite,下面将一一介绍。

### 5.2.1 图像的读取

MATLAB中利用函数imread来实现图像文件的读取操作,其语法格式为

A = imread(filename,fmt)

[X,map] = imread(filename,fmt)

其中,参数fmt指定了图像的格式,可选的值为.bmp、.hdf、.jpg、.png、.tif、.pcx和.xwd,图像格式也可以和文件名写在一起,即filename.fmt。默认的文件目录为当前MATLAB的工作目录,如果不指定fmt,MATLAB会自动根据文件头确定文件格式。

### 5.2.2 图像的显示

在MATLAB的图像处理工具箱中,还提供了一个应用很广泛的图像显示函数,即imshow函数。与image函数和imagesec函数类似,imshow函数也创建句柄图形图像对象。此外,imshow函数也可以自动设置各种句柄图形属性和图像特征。

当用户调用imshow函数显示一幅图像时,该函数将自动设置图像窗口、坐标轴和图像属性。这些自动设置的属性包括图像对象的cdata属性和cdatamapping属性、坐标轴对象的clim属性以及图像窗口对象的colormap属性。

下面通过几个实例来介绍imread函数和imshow函数的具体应用。

【例5-2-1】写出一个程序,要求该程序能够读入MATLAB工作目录中的RGB图片,并显示该图片。

读取图片调用imread函数,其中,默认的文件目录为当前MATLAB的工作目录,读取其他地方的图片文件应写明具体路径。

MATLAB程序如下:

```
RGB = imread('E:\juzi.png');
imshow(RGB);        % 用 imshow 函数显示图片
```

运行结果如图5-1所示。

【例5-2-2】编写程序实现能够读入MATLAB工作目录中的灰度图像,并显示该图片。

MATLAB程序如下:

```
I = imread('E:\hua1.jpg');
figure
imshow(I,200);
figure
imshow(I,[100,200]);
```

运行结果如图5-2所示。

(a) 灰度级数目200                    (b) 灰度级限定在[100，200]

**图 5 - 1    imread 函数读取的 RGB 图像**          **图 5 - 2    imread 函数读取的灰度图像**

程序分别采用 imshow(I,n)和 imshow(I,[low high])两种方式显示灰度图像,第一种方式指定了 200 为图片灰度级数目,结果如图 5 - 2(a)所示;第二种方式将灰度级限定在[100,200]。

【例 5 - 2 - 3】编写程序实现读入 MATLAB 工作目录中的多个图片文件,并在一个窗口显示这些图片。

调用 subplot 函数将一个图形窗口划分为多个显示区域。语法格式:subplot(m,n,p),这种格式将图形窗口划分为多个矩形显示区域,并激活第 p 个显示区域。

MATLAB 程序如下:

```
I = imread('E:\juzi.png');
J = imread('E:\hua1.jpg');
K = imread('E:\2.jpg');
L = imread('E:\3.jpg');
subplot(2,2,1);
imshow(I);
subplot(2,2,2);
imshow(J);
subplot(2,2,3);
imshow(K);
subplot(2,2,4);
imshow(L);
```

运行结果如图 5 - 3 所示,读取的 4 张图片显示在一个窗口里。

**图 5 - 3    subplot 函数的应用**

### 5.2.3 图像的输出

MATLAB 中利用 imwrite 函数来实现图像文件的输出和保存操作。其语法格式为：imwrite(A,filename,fmt)。其中,A 是图像数据,filename 是目标图像名字,fmt 是要生成的图片格式。图像格式有:. bmp(1 - bit、8 - bit 和 24 - bit)、. gif(8 - bit)、. hdf、. jpg(或. jpeg)(8 - bit,12 - bit 和 15 - bit)、. jp2、. jpx、. pbm、. pcx(8 - bit)、. pgm、. png、. pnm、. ppm、. ras、. tif(或. tiff)、. xwd。各种格式支持的图像位数不一样,比如. bmp 格式不支持 15 - bit,而. png 格式支持,又如. gif 格式只支持 8 - bit 格式。也可以用 imwrite(...,filename)来调用这些图像数据。

当利用 imwrite 函数保存图像时,MATLAB 默认的保存方式是将其简化为的数据类型。与读取图像文件类型类似,MATLAB 在文件保存时还支持 16 位的. png 和. tiff 图像。所以,当用户保存这类文件时,MATLAB 就将其存储在其中。

下面通过实例来介绍 imwrite 函数的具体应用。

【例 5 - 2 - 4】写出一个程序,要求该程序将图片保存至默认目录和桌面。

读取图片调用 imwrite 函数,其中,默认的文件目录为当前 MATLAB 的工作目录,保存至其他地方的图片文件应写明具体路径。

MATLAB 程序如下：

```
I = imread('CQUPT.jpg');
imwrite(I,'CQUPT.jpg','bmp');
imwrite(I,'C:\Users\Administrator\Desktop\CQUPT.jpg','bmp');
```

程序运行结果:分别在默认工作目录和桌面上生成了一个名为"CQUPT. bmp"的图片文件。

### 5.2.4 添加颜色条

除了前面已经介绍的 imshow 函数以外,MATLAB 的图像处理工具箱还提供了一个 colorbar 函数,可以将颜色条添加到坐标轴中,颜色条将对应于图像中使用的不同颜色数值。

如果正在将一些非惯例范围内的数据显示为一幅图像,那么使用颜色条来观察数据值与颜色之间的相应关系是非常有用的。

colorbar 函数的语法格式如下：

colorbar('vert')

colorbar('horiz')

colorbar(h)

h＝colorbar(...)

colorbar('vert')和 colorbar('horiz')指定了颜色条的显示方式为垂直或水平。默认值为垂直('vert')。colorbar(h)将颜色条放在指定的坐标轴 h 上,h 为句柄。h＝colorbar(...)返回颜色条坐标轴的句柄。

下面通过实例来介绍 colorbar 函数的具体应用。

【例 5 - 2 - 5】编写程序实现读取桌面上的图片,并在横轴和纵轴上添加颜色条。

MATLAB 程序如下：

```
I = imread('E:\juzi.png');
imshow(I);
colorbar('vert');          % 调用 colorbar 函数添加垂直颜色条
colorbar('horiz');         % 调用 colorbar 函数添加水平颜色条
```

运行结果如图 5-4 所示。由图 5-4 可知,分别在图片横轴和纵轴上添加了颜色条。

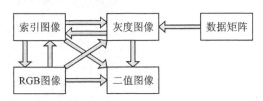

图 5-4　colorbar 函数的应用

# 5.3　图像类型的转化

在前面分别介绍了索引图像、RGB 图像、二值图像和灰度图像,几种类型的图像存在着图 5-5 所示的转化关系。

索引图像 → 灰度图像 ← 数据矩阵

RGB图像 → 二值图像

图 5-5　图像类型的转化关系

针对这些转化关系,MATLAB 提供了一些在几种图像间进行相互转换的功能函数,下面分别介绍这些函数。

## 5.3.1　dither 函数

dither 函数是采用抖动法(dithering)来转换图像。该函数通过颜色抖动(颜色抖动即改变边沿像素的颜色,使像素周围的颜色近似于原始图像的颜色,从而以空间分辨率来换取颜色分辨率)来增强输出图像的颜色分辨率。该函数可以把 RGB 图像转换成索引图像或把灰度图像转换成二值图像。函数语法如下:

X＝dither(A,map)

该函数把 RGB 图像 A 按照调色板 map 转换成索引图像 X。

BW＝dither(A)

该函数把灰度图像 A 转换成二值图像 BW。

下面通过实例来介绍 dither 函数的具体应用。

【例5-3-1】编写程序将一张 RGB 图像转化成索引图像。

MATLAB 程序如下:

```
I = imread('E:\juzi.png');
map = pink(1024);
X = dither(I,map);% 调用 dither 函数进行图像转化
subplot(2,1,1);
imshow(I);
subplot(2,1,2);
imshow(X,map);
```

运行结果如图5-6所示。图5-6(a)所示是原始的 RGB 图像,图5-6(b)所示是经转化得到的索引图像。

【例5-3-2】编写程序实现将一张灰度图像转化成二值图像。

MATLAB 程序如下:

```
I = imread('E:\2.jpg');
BW = dither(I);      % 调用 dither 函数进行图像转化
figure
imshow(I);
figure
imshow(BW);
```

运行结果如图5-7所示。图5-7(a)所示是原始的灰度图像,图5-7(b)所示是经转化得到的二值图像。

(a) 原始RGB图像

(b) 索引图像

图5-6　dither 函数的应用(一)

(a) 原始灰度图像

(b) 二值图像

图5-7　dither 函数的应用(二)

## 5.3.2　gray2ind 函数

gray2ind 函数用于将灰度图像转换为索引图像。函数语法如下:$[X,map] = gray2ind(I,n)$,即按照指定的灰度级 n 将灰度图像 I 转化成索引图像 X,map 为 gray(n)。

此外,在 MATLAB 中,还有 ind2gray 函数用于索引图像向灰度图像的转换。ind2rgb 函数用于索引图像向 RGB 图像转换。函数语法分别为

I= ind2gray(X, map)

RGB=ind2rgb(X, map)

下面通过实例来介绍 gray2ind 函数的具体应用。

【例 5-3-3】编写程序实现将一张灰度图像转化成索引图像。

MATLAB 程序如下:

```
I = imread('E:\3.jpg');
[X,map] = gray2ind(I,32);% 调用 gray2ind 函数进行图像转化
figure
imshow(I);
figure
imshow(X,map);
```

运行结果如图 5-8 所示。图 5-8(a)所示是原始的灰度图像,图 5-8(b)所示是经转化得到的索引图像。

(a) 原始灰度图像　　　　　(b) 索引图像

图 5-8　gray2ind 函数的应用

## 5.3.3　im2bw 函数

im2bw 函数通过设定一个阈值将灰度图像、索引图像、RGB 图像转换为二值图像。函数语法如下:

BW=im2bw(I, level)

将灰度图像转化成二值图像。

BW=im2bw(X, map, level)

将索引图像转成二值图像。

BW=im2bw(RGB, level)

将 RGB 图像转化成二值图像。

其中,level 是一个归一化阈值,取值在[0,1]。

下面通过实例来介绍 im2bw 函数的具体应用。

【例 5-3-4】编写程序实现将一张 RGB 图像转化成二值图像。

MATLAB 程序如下:

```
I = imread('E:\juzi.png');
X = im2bw(I,0.5);      % 调用 im2bw 函数进行图像转化
figure
imshow(I);
figure
imshow(X);
```

运行结果如图 5-9 所示。图 5-9（a）所示是原始的 RGB 图像,图 5-9（b）所示是经转化得到的二值图像。

(a) 原始RGB图像　　　　　　　　(b) 二值图像

图 5-9　im2bw 函数的应用

### 5.3.4　rgb2gray 函数

rgb2gray 函数用于将真彩色(RGB)图像转换为灰度图像。函数语法如下:

I= rgb2gray(RGB)

下面通过实例来介绍 rgb2gray 函数的具体应用。

【例 5-3-5】编写程序实现将一张 RGB 图像转化成灰度图像。

MATLAB 程序如下:

```
I = imread('E:\rgb.png');
X = rgb2gray(I);% 调用 rgb2gray 函数将 RGB 图像转化为灰度图像
figure
imshow(I);
figure
imshow(X);
```

运行结果如图 5-10 所示。图 5-10(a)所示是原始的 RGB 图像,图 5-10(b)所示是经转化得到的灰度图像。

(a) 原始RGB图像　　　　　　　　(b) 灰度图像

图 5-10　rgb2gray 函数的应用

### 5.3.5　rgb2ind 函数

rgb2ind 函数用于将 RGB 图像转换为索引图像。函数语法如下:

[X,map] = rgb2ind(RGB)

下面通过实例来介绍 rgb2ind 函数的具体应用。

【例 5-3-6】编写程序实现将一张 RGB 图像转化成索引图像。

MATLAB 程序如下:

```
RGB = imread('E:\flower.jpg');
[X,map] = rgb2ind(RGB,0.7);
figure
imshow(RGB);
figure
imshow(X,map);
```

运行结果如图 5-11 所示。图 5-11(a)所示是原始的 RGB 图像,图 5-11(b)所示是经转化得到的索引图像。

(a) 原始RGB图像　　　　　　　　(b) 索引图像

**图 5-11　　rgb2ind 函数的应用**

# 5.4　图像的代数操作

图像的代数运算是指对两幅或两幅以上的输入图像进行加减乘除四则运算,它在图像处理中有着广泛的应用。加法运算可以用来降低图像中的随机噪声(前提是图像中的其他部分必须是不动的);减法运算可以用来减去背景,运动检测,进行梯度幅度运算;乘法运算通常用来进行掩膜运算;除法运算可以用来归一化。图像代数运算除了可以实现自身所需要的算术操作,还能为许多复杂的图像处理提供准备。代数运算的各运算形式如下:

$$C(x,y) = A(x,y) + B(x,y) \tag{5-1}$$

$$C(x,y) = A(x,y) - B(x,y) \tag{5-2}$$

$$C(x,y) = A(x,y) \times B(x,y) \tag{5-3}$$

$$C(x,y) = A(x,y) \div B(x,y) \tag{5-4}$$

式中,$C(x,y)$ 是输出图像,它是 $A(x,y)$ 和 $B(x,y)$ 两幅图像代数运算的结果。

## 5.4.1　图像的相加

图像相加可以得到图像的叠加效果,也可以把同一景物的多重影像加起来求平均,以便减少图像的随机噪声,这在遥感图像中经常采用。

MATLAB 中图像的加法运算是由函数 imadd 实现的,其语法格式为

Z=imadd(A,B)

其中, A 为图像,若 B 是一幅图像,则 Z 为两个图像的求和,此时要求 B 的大小必须和 A 相等;若 B 是一个标量(双精度),则 Z 表示对图像 A 整体加上某个值,即图像的亮度调整。

**1. 图像加法的叠加效果**

对于两个图像和的均值有

$$g(x,y) = \frac{1}{2}f(x,y) + \frac{1}{2}h(x,y) \tag{5-5}$$

推广这个公式为

$$g(x,y) = \alpha f(x,y) + \beta h(x,y) \qquad (5-6)$$

式中，$\alpha + \beta = 1$。

### 2. 去除叠加性噪声

对于原图像 $f(x,y)$，假设有一个噪声图像集

$$g_i(x,y), \qquad i=1,2,\cdots,N \qquad (5-7)$$

式中

$$g_i(x,y) = f(x,y) + h_i(x,y) \qquad (5-8)$$

$h$ 表示噪声。一般的，若噪声满足零期望，且相互独立(实际中这样的假设一般都是成立的)，则有

$$g(x,y) = E(g_i(x,y)) = E(f(x,y)) + E(h_i(x,y)) = f(x,y) + 0 = f(x,y)$$

$$(5-9)$$

若用均值来估计噪声分布的期望，则有

$$g(x,y) \approx f(x,y) + \frac{1}{N}\sum_{i=1}^{N} h_i(x,y) = \frac{1}{N}\sum_{i=1}^{N} g_i(x,y) \qquad (5-10)$$

这也就是说，可以通过多图像的平均而降低图像的噪声。

下面通过实例来介绍图像相加的具体应用。

【例 $5-4-1$】编写程序实现将两张灰度图像相加并显示。

MATLAB 程序如下：

```
A = imread('E:\hua1.jpg');
B = imread('E:\rice.jpg');
C1 = imadd(A,B,'uint16'); %调用 imadd 函数完成图像的相加,结果保存为 16 位格式
C2 = imadd(A,B); %结果保存为 8 位格式
figure(1)
subplot(1,2,1);
imshow(A);
subplot(1,2,2);
imshow(B);
figure(2)
subplot(1,2,1);
imshow(C1,[]);
subplot(1,2,2);
imshow(C2);
```

运行结果如图 $5-12$ 所示。图 $5-12(a)$所示是需要相加的两幅图像，图 $5-12(b)$所示是相加后的结果，图 $5-12(b)$左边图像是采用方式存储的结果，图 $5-12(b)$右边图像是默认存储的结果。由图 $5-12(b)$可以看出，当不采用方式存储时，合成图像的整体亮度很大，明显有大片区域的灰度溢出，图像呈现曝光过度的状态。利用方式存储的结果明显更符合人们的视觉习惯。

**116**

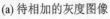
(a) 待相加的灰度图像　　　　　　　　　　　(b) 图像相加的结果

**图 $5-12$　两张灰度图像相加**

【例 5 - 4 - 2】编写程序实现将一张灰度图像分别与两个常数相加并显示。

MATLAB 程序如下：

```
A = imread('E:\hua1.jpg');
B = imadd(A,30); % 灰度图像与常数 30 相加
C = imadd(A,100); % 灰度图像与常数 100 相加
figure(1);
imshow(A);
figure(2);
imshow(B);
figure(3);
imshow(C);
```

运行结果如图 5 - 13 所示。图 5 - 13(a)所示是原始图像，图 5 - 13(b)和图 5 - 13(c)所示分别是原始图像与常数 30 和 100 相加所得的结果。可以看出，随着相加值的改变，图像的亮度也发生改变。

(a) 原始图像　　　　　　　　(b) 相加结果1　　　　　　　　(c) 相加结果2

**图 5 - 13　一张灰度图像分别与两个常数相加**

## 5.4.2　图像的相减

图像的减法运算又称减影技术，是指对同一景物在不同时间拍摄的图像或同一景物在不同波段的图像进行相减，主要作用有以下几个方面。

### 1. 去除不需要的叠加性图案

在进行图像处理时，有时需要突出所研究的对象而去除图像的背景。比如在刑事侦查中的指纹提取，就需要去除背景中对指纹的影响，突出指纹本身。获取图像后，移开物体再获得空白区域的图像，采用图像的减法运算即可获得仅有指纹的图像。假设背景图像为 $b(x,y)$，前景背景混合图像为 $f(x,y)$，则有

$$g(x,y)=f(x,y)-b(x,y) \tag{5-11}$$

其中，$g(x,y)$ 为去除了背景的图像。

### 2. 运动检测

运动检测就是检测出运动中的物体。如果有同一地点、时间稍有差异的两张图像，就能够利用图像相减的方法来获得运动物体的图像。当然在实时运动检测中还需要考虑很多东西，比如，两幅图像中的差异到底是因为物体在运动，还是因为物体已改变等。

### 3. 梯度图像

在一幅图像中，灰度变化大的区域梯度值大，一般认为此区域是图像内物体的边界（别的地方也可能会出现灰度值变化很大的情况，但图像处理时通常认为比较关心的是边界问题）。因此，求图像的梯度图像能获得图像物体边界。

在 MATLAB 中,图像的减法用 imsubtract 和 imabsdiff 函数可以完成,其语法格式为

Z＝imsubtract(A,B)

差值结果小于 0 即赋值为 0,A、B 所表示的意义与 imadd 函数相同。

Z＝imabsdiff(A,B)

差值结果取绝对值。

下面通过实例来介绍图像相减的具体应用。

【例 5-4-3】编写程序实现利用 imsubtract 函数进行图像背景清除,以减少照度不均匀产生的影响。

MATLAB 程序如下:

```
A = imread('E:\3.jpg');
background = imread('E:\background.jpg');%读入背景图像
B = imsubtract(A,background);%调用 imsubtract 函数完成图像的相减
figure
imshow(A);
figure
imshow(background);
figure
imshow(B);
```

运行结果如图 5-14 所示。图 5-14(a)和图 5-14(b)所示是待相减的原始图像,图 5-14(c)所示是两幅图像相减所得的结果。可以清晰地看出,背景清除后,图像的目标就突出了。

(a) 原始图像

(b) 背景图像

(c) 相减的结果

图 5-14　图像的减法示例(一)

【例 5-4-4】编写程序实现利用 imabsdiff 函数进行图像减法运算。

MATLAB 程序如下:

```
A = imread('E:\hua1.jpg');
B = uint8(filter2(fspecial('gaussian'),A));%高斯模糊
C = imabsdiff(A,B);%调用 imabsdiff 函数完成图像的相减。
figure
imshow(A);
figure
imshow(B);
figure
imshow(C);
```

运行结果如图 5-15 所示。图 5-15(a)所示是原始图像,图 5-15(b)所示是原始图像进行高斯加噪的结果,图 5-15(a)和图 5-15(b)是待相减的图像,图 5-15(c)所示是两幅图像相减所得的结果。

(a) 原始图像　　　　　(b) 高斯模糊结果　　　　　(c) 相减的结果

图 5 - 15　图像的减法示例(二)

当然,如图像相加一样,也可以用上面两个函数对图像进行常数减法运算,即图像的平移等操作。这里就不再举例了。

## 5.4.3　图像的相乘

图像的乘法运算主要是对图像进行掩膜操作,即可以用来遮掩图像中的某些部分。操作方法是设置一个掩膜图像,在原图像需要保留的部分,设置掩膜图像的值为 1,而在需要抑制的部分设置为 0,然后用该掩膜图像乘上原图像就可以抹去其中的部分区域。

在 MATLAB 中实现这个功能的函数是 immultiply,其语法格式为 Z＝immultiply(A,B)。

同样要注意的是,由于两个图像灰度的乘积通常要超出类型的最大值 255,因此,为了防止数据溢出,一般要把图像类型转化为 unit16 后再进行运算。

下面通过实例来介绍图像相乘的具体应用。

【例 5 - 4 - 5】编写程序实现对图像的乘法运算。

MATLAB 程序如下:

```
A = imread('E:\huatu.png');
B = imread('E:\huatu1.png');
A1 = uint16(A);
B1 = uint16(B);
C = immultiply(A,B);% 调用 immultiply 函数完成图像 A 和 B 的相乘
C1 = immultiply(A1,B1);调用 immultiply 函数完成图像 A1 和 B1 的相乘
subplot(1,2,1);
imshow(A);
subplot(1,2,2);
imshow(B);
figure
subplot(1,2,1);
imshow(C);
subplot(1,2,2);
imshow(C1);
```

运行结果如图 5 - 16 所示。图 5 - 16(a)所示是需要相乘的两幅图像,图 5 - 16(b)所示分别是采用默认存储方式和 unit16 方式得到的结果。

## 5.4.4　图像的相除

图像除法运算可以用来校正由于照明或传感器的非均匀性造成的图像灰度阴影,除法运算还被用于产生比率图像,这对于多光谱图像的分析是十分有用的,利用不同时间段图像的除

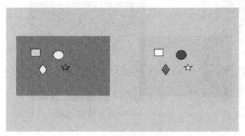
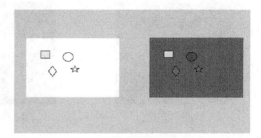

(a) 待相乘的图像　　　　　　　　(b) 图像相乘的结果

图 5-16　图像的乘法

法得到的比率图像常常可以用来对图像进行变化检测。

　　MATLAB 中实现这个功能的函数是 imdivide,其语法格式为 Z＝imdivide(A,B)。

　　下面通过实例来介绍图像相除的具体应用。

【例 5-4-6】编写程序实现对图像的除法运算。

MATLAB 程序如下:

```
A = imread('E:\flower.jpg');
B = imread('E:\juzi.png');
A1 = im2double(A);
B1 = im2double(B);
C = imdivide(A,B);   % 调用 imdivide 函数完成图像 A 和 B 的相除
C1 = imdivide(A1,B1); % 调用 imdivide 函数完成图像 A1 和 B1 的相除
figure
subplot(1,2,1);
imshow(A);
subplot(1,2,2);
imshow(B);
figure
subplot(1,2,1);
imshow(C);
subplot(1,2,2);
imshow(C1);
```

　　运行结果如图 5-17 所示。图 5-17(a)所示是需要相乘的两幅图像,图 5-17(b)所示分别是采用默认存储方式和 uint16 方式得到的结果。

(a) 待相除的图像　　　　　　　　(b) 图像相除的结果

图 5-17　图像的除法

## 5.5　图像的对比度增强

对比度增强是图像增强技术中的一种比较简单但又十分重要的方法。这种方法是按一定的规则逐点修改输入图像每一像素的灰度值,从而改变图像灰度的动态范围。对比度增强可以分为线性变换和非线性变换两种。

### 5.5.1　线性变换

线性点运算的实质是:如果原图像 $f(x,y)$ 的灰度范围是 $[n,M]$,希望变换后的图像 $g(x,y)$ 的灰度范围是 $[n,N]$,则可以设计如下变换:

$$g(x,y) = \frac{N-n}{M-m}[f(x,y)-m]+n \qquad (5-12)$$

若令 $\alpha = \dfrac{N-n}{M-m}, \beta = n - \dfrac{N-n}{M-m}m$,则式(5-12)就转化成了读者熟悉的线性点运算公式。

若要对图像的对比度做较为精良的调整,则可以设计分段的线性变换。对不同的灰度段做不同的调整,有的压缩,有的拉伸,从而利用线性方法最大程度地改善图像的对比。其变换公式为

$$g(x,y) = \begin{cases} k_1 f(x,y)+b_1, & 0 \leqslant f(x,y) \leqslant f_1 \\ k_2 f(x,y)+b_2, & f_1 \leqslant f(x,y) \leqslant f_2 \\ k_3 f(x,y)+b_3, & f_2 \leqslant f(x,y) \leqslant f_3 \end{cases} \qquad (5-13)$$

式中,$k_i(i=1,2,3)$ 表示第 $i$ 段直线的斜率。

### 5.5.2　非线性变换

单纯的线性变换有时无法满足要求,为此可以利用非线性变换。常用的非线性变换为对数变换或 Gamma 校正。

对数变换常用来扩展低值灰度,压缩高值灰度。其一般表达式为

$$g(x,y) = c\log(f(x,y)+1) \qquad (5-14)$$

式中,$c$ 为常数。

Gamma 校正:设 $f$ 为图像的灰度,$r$ 为 CCD 图像传感器或胶片等的入射光强度,则输入光强度与输出信号之间的关系可表示为

$$f = cr^{\gamma} \qquad (5-15)$$

式中,$\gamma$ 为常数。

从直观上讲,一般希望图像的灰度和光强成正比,而不是成上述这个关系。为此构造如下变换:

$$g = kr\left(\frac{f}{c}\right)^{\frac{1}{\gamma}} \qquad (5-16)$$

式中,$k$ 为常数,通常取 1。$1/\gamma$ 通常取 $0.4\sim0.8$。

在 MATLAB 中,上述线性和非线性变换都可用同一个函数 imadjust 实现,其语法格式为

J=imadjust(I)

J=imadjust(I,[low_in; high_in],[low_out; high_out])

若您对此书内容有任何疑问,可以登录 MATLAB 中文论坛与同行们交流。

MATLAB仿真及其在光学课程中的应用(第2版)

$J = imadjust(I,[low\_in;\ high\_in],[low\_out;\ high\_out],gamma)$

其中，I 为输入的图像，gamma 大于 1 则图像变暗，小于 1 则图像变亮。如果 high_out 小于 low_out，则图像反色。

下面通过实例来介绍图像对比度增强的具体应用。

【例 5 - 5 - 1】编写程序实现增强图像对比度。

MATLAB 程序如下：

```
I = imread('E:\4.jpg');
J = imadjust(I);% 全局拉伸
K = imadjust(I,[0.3,0.7],[]);% 分段拉伸
figure
imshow(I);
figure
imshow(J);
figure
imshow(K)
```

运行结果如图 5-18 所示。图 5-18(a)所示是原始图像，图 5-18(b)所示是全局拉伸结果，图 5-18(c)为分段拉伸结果。可以看出，原始图像模糊不清，视觉效果差，经过变换后图像视觉效果清晰了许多。利用局部拉伸可保护图像中的高亮区和黑暗区的细节，可以避免图像失真。

(a) 原始图像　　　　　　　　　(b) 全局拉伸结果　　　　　　　　　(c) 分段拉伸结果

**图 5 - 18　图像的对比度增强**

## 5.6　图像的锐化

图像锐化是通过增强图像中纹理和边缘部分，使边缘和轮廓线模糊的图像变得清晰，使其细节更加清晰。在图像拍摄过程中，由于对焦不准或者景物的相对移动等原因都可能造成图像内容的模糊。此外，图像采样时，由于采样不良，也可能造成图像不清晰。即便是图像内容没什么模糊失真，在人或机器分析图像时也常常需要突出目标边界和灰度细节。因此，图像锐化是图像增强的一个常用技术。

本节从边界提取和锐化的异同点出发，针对锐化的空间滤波问题，给出一个锐化滤波器的算法。

### 5.6.1　边界提取和锐化

事实上，图像的锐化和边界提取可以看成是同一个过程，它们都是图像的微商过程。不同的是在边界提取时，把经过差分算子滤波过的图像通过阈值取舍而得到边缘，而锐化没有阈值

取舍这个过程。

下面通过实例来介绍图像对比度增强的具体应用。

【例 5 - 6 - 1】编写程序实现对图像进行"sobel"锐化和边界提取。

MATLAB 程序如下：

```
I = imread('E:\hua1.jpg');
h = fspecial('sobel'); % 调用 h = fspecial('soble')来生成"sobel"模板
BW1 = edge(I,'sobel','horizontal'); % 水平边界提取
BW2 = imfilter(I,h);
figure
imshow(I);
figure
imshow(BW1);
figure
imshow(BW2);
```

运行结果如图 5 - 19 所示。从图 5 - 19 的比较过程不难看出,边界提取不过是图像锐化的再处理过程。不过,实际应用中总是以一定比例加上原始图像,以在表现边界的同时不损害低频的显示效果。在这个实例中没有采取上述过程,主要展示边界提取和锐化的异同之处。

(a) 原始图像　　　　　　(b) sobel锐化结果　　　　　　(c) 边界提取结果

**图 5 - 19　图像边界提取和锐化**

## 5.6.2　锐化滤波器

从数学上看,图像模糊的实质就是图像受到平均或积分运算的影响,因此对其进行逆运算(如微分算子)就可以使图像清晰。下面介绍拉普拉斯图像锐化算法。

拉普拉斯(Laplacian)算子反映的是图像的二阶微商,定义为

$$\nabla^2 f = \frac{\partial^2 f}{\partial x^2} + \frac{\partial^2 f}{\partial y^2} \tag{5-17}$$

式中,$f$ 为连续的图像模型。

拉普拉斯算子具有各向同性和平移不变性。这个算子对图像的点、线、边界提取效果很好,有时也称为边界提取算子。

对数字图像而言,拉普拉斯算子离散化为

$$\frac{d^2 y}{dx^2} = \frac{d[f(i,j) - f(i,j-1)]}{dx} = \frac{df(i,j)}{dx} - \frac{df(i,j-1)}{dx} =$$

$$[f(i,j+1) - f(i,j)] - [f(i,j) - f(i,j-1)] =$$

$$f(i,j+1) - 2f(i,j) + f(i,j-1) \tag{5-18}$$

类似的,有

$$\frac{\mathrm{d}^2 f}{\mathrm{d}y^2} = f(i+1,j) - 2f(i,j) + f(i-1,j) \tag{5-19}$$

对应的 $X$ 和 $Y$ 方向上的卷积模板为

$$X\text{ 方向:} \begin{bmatrix} 0 & 0 & 0 \\ 1 & -2 & 1 \\ 0 & 0 & 0 \end{bmatrix}, \qquad Y\text{ 方向:} \begin{bmatrix} 0 & 1 & 0 \\ 0 & -2 & 0 \\ 0 & 1 & 0 \end{bmatrix}$$

把这两个模板合并,并对之归一化,有

$$X\text{ 方向:}\frac{1}{4} \begin{bmatrix} 0 & 0 & 0 \\ 1 & -2 & 1 \\ 0 & 0 & 0 \end{bmatrix}, \qquad Y\text{ 方向:}\frac{1}{8} \begin{bmatrix} 0 & 1 & 0 \\ 0 & -2 & 0 \\ 0 & 1 & 0 \end{bmatrix}$$

若图像胶片颗粒扩散导致图像模糊的降质模型为

$$g(x,y) \approx f(x,y) - \alpha \nabla^2 f(x,y) \tag{5-20}$$

则表明不模糊图像等于已模糊图像减去它的拉氏运算结果的 $\alpha$ 倍。$\alpha$ 用于调节锐化的程度。拉普拉斯算子比较适用于因光线的漫反射而造成的图像模糊。

把拉普拉斯算子带入式(5-20)可得

$$g(i,j) = (1+4\alpha)f(i,j) - \alpha \sum_{(m,n) \in D_4} f(m,n) \tag{5-21}$$

对于八邻域有

$$g(i,j) = (1+8\alpha)f(i,j) - \alpha \sum_{(m,n) \in D_8} f(m,n) \tag{5-22}$$

其卷积模板为

$$\text{四邻域:} \begin{bmatrix} 0 & -a & 0 \\ -a & 1+4a & -a \\ 0 & -a & 0 \end{bmatrix}, \qquad \text{八邻域:} \begin{bmatrix} -a & -a & -a \\ -a & 1+2a & -a \\ -a & -a & -a \end{bmatrix}$$

下面通过实例来介绍图像拉普拉斯锐化的具体应用。

【例5-6-2】编写程序实现对图像进行四邻域和八邻域的拉普拉斯锐化。

MATLAB程序如下:

```
I = imread('E:\flower2.jpg');
h1 = [0, -1, 0; -1, 5, -1; 0, -1, 0];
h2 = [-1, -1, -1; -1, 9, -1; -1, -1, -1];
BW1 = imfilter(I,h1); %调用 imfliter 函数对图像进行四邻域拉普拉斯锐化
BW2 = imfilter(I,h2); %调用 imfliter 函数对图像进行八邻域拉普拉斯锐化
imshow(I);
figure
imshow(uint8(BW1));
figure
imshow(uint8(BW2));
```

运行结果如图5-20所示,可以看出,图像经过拉普拉斯算子运算后边界变得清晰了,而且八邻域模板的滤波效果明显要好于四邻域模板,图像的边界更加清晰了。

(a) 原始图像

(b) 四邻域锐化

(c) 八邻域锐化

**图 5 - 20　拉普拉斯锐化**

## 5.7　图像的边缘检测

边缘检测在图像处理与计算机视觉中占有特殊的位置,它是底层视觉处理中最重要的环节之一,也是实现基于边界的图像分割的基础。在图像中,边界表明一个特征区域的终结和另一个特征区域的开始,边界所分开区域的内部特征或属性是一致的,而不同区域内部的特征或属性是不同的,边缘的检测正是利用物体和背景在某种图像特性上的差异来实现的。这种差异包括灰度、颜色或者纹理特征。边缘检测实际上就是检测图像特征发生变化的位置。本节所谈及的区域特征主要指灰度。

为了提取区域边界,可以对图像直接运用一阶微商算子或二阶微商算子,然后根据各像点处的微商幅值或其他附加条件判定其是否为边界点。如果图像中含有较强噪声,直接进行微商运算将会出现许多虚假边界点。因此,可以先采用曲面拟合方法用一种曲面函数拟合数字图像中要检测点的邻域各像素的灰度,然后再对拟合曲面运用微商算子;或用一个阶跃曲面拟合数字图像,根据其阶跃幅值判断其是否为边界点;还可以先用一个函数与图像卷积平滑噪声,然后再对卷积结果运用微商方法提取边界点集。Candy 提出了评价边界检测算法性能优良的三个指标:高的信噪比、精确的定位性能、对单一边界响应是唯一的。上述的微商思想、平滑思想、准则函数确定边界提取器思想等基本技术的不同组合便产生了不同边界提取算法。

由于噪声和模糊的存在,检测到的边界可能会变宽或在某些点处发生间断。因此,边缘检测包括两个基本内容:首先抽取出反映灰度变化的边缘点,然后剔除某些边界点或填补边界间断点,并将这些边缘连接成完整的线。

### 5.7.1　边缘检测算子

函数导数反映图像灰度变化的显著程度,一阶导数的局部极大值和二阶导数的过零点都是图像灰度变化极大的地方,因此可将这些导数值作为相应点的边界强度,通过设置门限的方法提取边界点集。用于边缘检测的算子有以下几种:

Roberts 算子:利用局部差分算子寻找边缘,边缘定位精度较高,但容易丢失一部分边缘,同时由于图像没经过平滑处理,因此不具备抑制噪声的能力,该算子对具有陡峭边缘且噪声低的图像效果较好。

Sobel 算子和 Prewitt 算子:都是对图像先做加权平滑处理,然后再做微分运算,所不同的是平滑部分的权值有些差异,因此对噪声具有一定的抑制能力,但不能完全排除检测结果中出现的虚假边缘。虽然这两个算子边缘定位效果不错,但检测模糊的边缘容易出现多像素宽度。

Laplacian算子:是不依赖于边缘方向的二阶微分算子,可准确定位图像中的阶跃型边缘点。该算子对噪声非常敏感,使噪声成分得到加强。这两个特性使得该算子容易丢失一部分边缘的方向信息,造成一些不连续的检测边缘,同时抗噪声能力比较差。

LoG算子:该算子克服了Laplacian算子抗噪声能力比较差的缺点,但是在抑制噪声的同时也可能将原有的比较尖锐的边缘也平滑掉了,造成这些尖锐边缘无法被检测到。

Canny算子:虽然是基于最优化思想推导出的边缘检测算子,但实际效果并不一定最优,原因在于理论和实际有许多不一致的地方。该算子同样采用高斯函数对图像做平滑处理,因此具有较强的抑制噪声的能力,同样该算子也会将一些高频边缘平滑掉,造成边缘丢失。Canny算子采用双阈值算法检测和连接边缘,采用的多尺度检测和方向性搜索比LoG算子好。

## 5.7.2　边缘检测的 MATLAB 实现

在 MATLAB 中,利用图像处理工具箱中的 edge 函数可以实现基于各种算子的边缘检测功能,下面先介绍 edge 函数针对不同算子的语法格式。

edge 函数的语法格式如下:

[g,t]＝edge(I,'method',parameters)

其中,I是输入图像,method是指采用何种算子,parameters是指所采用算子里的参数。在输出中,g是一个逻辑数组,其值如下决定:在I中检测到边缘的位置为1,在其他位置为0;参数t是可选的,它给出 edge 函数使用的阈值,以确定哪个梯度值足够大到可以称为边缘点。

下面介绍 edge 函数使用每个算子的详细用法。

### 1. Roberts 算子

BW＝edge(I,'roberts')

BW＝edge(I,'roberts',thresh)

[BW,thresh]＝edge(I,'roberts',…)

其中,I是输入的灰度图像;BW 是与I一样大的二值图像,值为1表示I中的边缘,0表示非边缘;thresh 是敏感度阈值,进行边缘检测时,它将忽略所有小于阈值的边缘,如果默认,MATLAB 将自动选择阈值使用 Roberts 算子进行边缘检测。

### 2. Sobel 算子

BW＝edge(I,'sobel')

BW＝edge(I,'sobel', thresh)

BW＝edge(I,'sobel',thresh,direction)

[BW,thresh]＝edge(I,'sobel',…)

其中,BW、thresh、I 的意义与 Roberts 算子的类似;direction 是指用 Sobel 算子进行边缘检测的方向,可取的字符串为"horizontal"(水平方向)、"vertical"(垂直方向)或"both"(两个方向)。

### 3. Prewitt 算子

BW＝edge(I,'prewitt')

BW＝edge(I,'prewitt', thresh)

BW＝edge(I,'prewitt',thresh,direction)

[BW,thresh]＝edge(I,'prewitt',…)

其中,BW、thresh、I、direction 的意义与 Sobel 算子的类似。

### 4. LoG 算子

BW＝edge(I,'log')

BW＝edge(I,'log', thresh)

BW＝edge(I,'log',thresh,sigma)

［BW,threshhold］＝edge(I,'log',…)

其中,BW、thresh、I 的意义与 Prewitt 算子的类似;sigma 为标准偏差,默认为 2。滤波器是 $n \times n$ 维的,其中 $n=\text{ceil}(\text{sigma}\times 3)\times 2-1$。

### 5. Canny 算子

BW＝edge(I,'canny')

BW＝edge(I,'canny', thresh)

BW＝edge(I,'canny',thresh,sigma)

［BW,threshhold］＝edge(I, 'canny',…)

其中,BW、thresh、I、sigma 的意义与 LoG 算子类似。

下面通过实例来介绍边缘检测的具体应用。

【例 5－7－1】编写程序实现以 Sobel 算法进行图像边缘检测。

MATLAB 程序如下:

```
I = imread('E:\huasheng.jpg');
imhist(I);
I0 = edge(I,'sobel'); % 阈值为默认值的边缘检测
I1 = edge(I,'sobel',0.06); % 阈值为 0.06 的边缘检测
I2 = edge(I,'sobel',0.04);
I3 = edge(I,'sobel',0.02);
figure
imshow(I);
figure
imshow(I0);
figure
imshow(I1);
figure
imshow(I2);
figure
imshow(I3);
```

运行结果如图 5－21 所示。从图 5－21 可以看出,若要设定临界值,首先要看灰度直方图的分布,寻找其分界的地方为临界值。以本图像为例,当临界值取到 0.06,其边缘效果就已经很明显了。

【例 5－7－2】编写程序实现分别采用 Roberts 算子、Prewitt 算子、Sobel 算子、LoG 算子和 Canny 算子进行边缘检测。

MATLAB 程序如下:

```
I = imread('E:\flower2.jpg');
BW1 = edge(I,'roberts');
BW2 = edge(I,'prewitt');
BW3 = edge(I,'sobel');
BW4 = edge(I,'log');
```

**127**

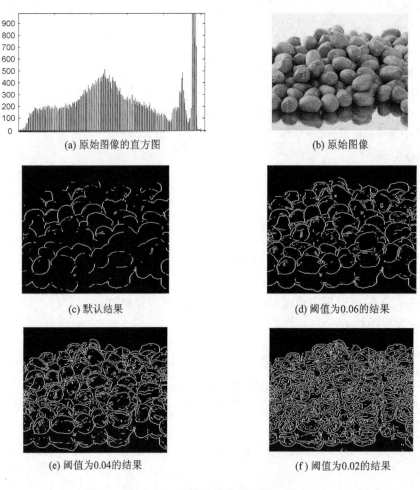

图 5 - 21　图像边缘检测示例(一)

```
BW5 = edge(I,'canny');
figure
imshow(I);
figure
imshow(BW1);
figure
imshow(BW2);
figure
imshow(BW3);
figure
imshow(BW4);
figure
imshow(BW5);
```

　　运行结果如图 5 - 22 所示。图 5 - 22(b)~(f)分别给出了采用 Roberts 算子、Prewitt 算子、Sobel 算子、LoG 算子和 Canny 算子方法进行边缘检测的结果。从图中可以看出,经典的边缘检测算子均能在不同程度上检测出图像边缘,且从图(b)~图(f),检测效果逐渐提升,边缘检测结果最好的当属 Canny 算子,检测效果最粗糙的是 Roberts 算子。

(a) 原始图像

(b) Roberts结果

(c) Prewitt结果

(d) Sobel结果

(e) Log结果

(f) Canny结果

图 5 - 22　图像边缘检测示例(二)

# 5.8　基于灰度的图像分割

在许多情况下,图像中目标区域与背景区域的灰度或平均灰度是不同的,而目标区域和背景区域内部灰度相关性很强,这时可将灰度的均一性作为依据进行分割。

最简单的处理思想是,高于某一灰度的像素划分到一个区域中,低于某一灰度的像素划分到另一区域中,这种基于灰度阈值的分割方法称为灰度门限法。灰度门限法是基本的图像分割方法,也是基于区域的分割方法。

灰度阈值选择直接影响分割效果,下面介绍三种确定灰度阈值的方法。

**1. 直方图阈值法**

利用灰度直方图求双峰或多峰,选择两峰之间的谷底作为阈值,步骤如下:

① 找出直方图的两个最大的局部值: $z_i$ , $z_j$ ;

② 求 $z_i$ , $z_j$ 间直方图最低点 $z_k$ ;

③ 用 $h(z_k)/\min(h(z_i), h(z_j))$ 测试直方图的平坦性;

④ 若上述值小于门限 $T$ ,将 $z_k$ 作为分割门限。

**2. Otsu 法(自动阈值法)**

Otsu 法是使类间方差最大而推导出阈值的一种自动阈值法,具有简单、处理速度快的特点。MATLAB 中实现 Otsu 法的函数是 graythresh,语法格式为

level＝graythresh(I)

其中,I 为输入的灰度图像,level 是返回的灰度阈值。

**3. 分水岭阈值选择算法**

分水岭阈值选择算法是一种自适应的多阈值分割算法。分水岭算法将一幅图像看成一个拓扑地形图,其中灰度值被认为是地形高度值。高灰度值对应着山峰,低灰度值对应着山谷。将水从任一处流下,它会向地势低的地方流动,直到某一局部低洼处才停下来,这个低洼处被称为吸水盆地,最终所有的水会分聚在不同的吸水盆地。吸水盆地之间的山脊被称为分水岭,水从分水岭流下时,朝不同的吸水盆地流去的可能性是相等的。

将这种想法应用于图像分割,就是要在灰度图像中找出不同的吸水盆地和分水岭,由这些不同的吸水盆地和分水岭组成的区域即为要分割的目标。MATLAB 中实现分水岭算法的函数是 watershed,语法格式为

L＝watershed(A)

L＝watershed(A,conn)

其中,A 是待分割图像或任意维的数组;conn 指定算法中使用元素的连通方式,在图像分割中,conn 为 4 或 8;L 是与 A 维数相同的非负整数矩阵,标记分割结果,矩阵的元素值为对应位置上像素点所属的区域编号,0 元素表示该对应像素点是分水岭像素,不属于任何一个区域。

下面通过实例来介绍图像分割的具体应用。

【例 5-8-1】编写程序实现以直方图阈值法进行图像分割。

MATLAB 程序如下:

```
I = imread('E:\4.jpg');
figure
imshow(I);
figure
imhist(I);% 调用 imhist 函数获取直方图
I1 = im2bw(I,130/255); % 分割
figure
imshow(I1);
```

运行结果如图 5-23 所示。图 5-23(a)所示是原始图像,图 5-23(b)所示是原始图像的直方图,图 5-23(c)所示是分割结果。

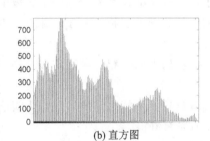

(a) 原始图像　　　　　　　(b) 直方图　　　　　　　(c) 分割结果

图 5-23　图像分割示例(一)

【例 5-8-2】编写程序实现以 Otsu 法进行图像分割。

MATLAB 程序如下:

```
I = imread('E:\flower2.jpg');
figure
imshow(I);
level = graythresh(I); % 调用 graythresh 函数获得分割阈值
BW = im2bw(I,level); % 分割
figure
imshow(BW);
```

运行结果如图 5-24 所示。图 5-24(a)所示是原始图像,图 5-24(b)所示是分割结果。

【例 5-8-3】编写程序实现以分水岭阈值选择算法进行图像分割。

MATLAB 程序如下:

| (a) 原始图像 | (b) 分割结果 |
| --- | --- |

图 5-24　图像分割示例(二)

```
%产生一个包含两个重叠的圆形图案的二值图像
center1 = - 10;
center2 = - center1;
dist = sqrt(2 * (2 * center1)^2);
radius = dist/2 * 1.4;
lims = [floor(center1 - 1.2 * radius),ceil(center2 + 1.2 * radius)];
[x,y] = meshgrid(lims(1):lims(2));
bw1 = sqrt((x - center1).^2 + (y - center1).^2)< = radius;
bw2 = sqrt((x - center2).^2 + (y - center2).^2)< = radius;
bw = bw1|bw2;
figure
imshow(bw);
D = bwdist(~bw);
D = - D;
D(~bw) = - max(abs(D(:)));
D = D - min(D(:));
figure
[C,h] = contour(D);
axis equal;
axis ij;
colormap gray;
L = watershed(D);
figure
imshow(L);
rgb = label2rgb(L,'jet',[0.5,0.5,0.5]);
figure
imshow(rgb,'InitialMagnification','fit');
```

运行结果如图 5-25 所示,程序先生成了一个包含两个重叠的圆形图案的二值图像,然后给出一个等高线图,进行分水岭阈值选择算法的分割,分割结果如图 5-25(c)所示,图 5-25(d)给出了进行伪色彩增强后的分割结果。

 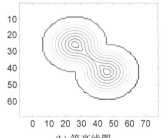  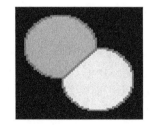

| (a) 原始图像 | (b) 等高线图 | (c) 分割结果 | (d) 伪色彩增强的分割结果 |
| --- | --- | --- | --- |

图 5-25　图像分割示例(三)

若您对此书内容有任何疑问,可以登录MATLAB中文论坛与同行们交流。

## 5.9 图像的膨胀与腐蚀

膨胀和腐蚀是数学形态学中最基本的运算,对图像的特征提取和识别比较重要。膨胀是对图像中的目标对象增加像素,而腐蚀则是对图像中的目标对象去除像素,它们是对偶运算。增加或去除像素的多少取决于图像处理中结构元素的大小和形状。本节主要讲述这两种运算的基本原理及基于 MATLAB 的实现方法。

### 5.9.1 膨胀和腐蚀

在形态学的膨胀和腐蚀运算中,输出图像的任何一个像素值都遵循一定的规则,这种规则决定了形态学运算是膨胀还是腐蚀。

膨胀:输出图像的像素值是输入图像邻域中的最大值,在一个二值图像中,只要有一个像素值为 1,则相应的输出像素值为 1。

腐蚀:输出图像的像素值是输入图像邻域中的最小值,在一个二值图像中,只要有一个像素值为 0,则相应的输出像素值为 0。

### 5.9.2 结构元素

结构元素又被形象地称为刷子,是膨胀和腐蚀操作的最基本组成部分,用于测试输入图像,通常比待处理的图像要小得多。结构元素的大小、形状任意,一般是二维的。二维结构元素为数值 0 和 1 组成的矩阵。三维结构元素用数值 0 和 1 定义一个平面。用高度值定义第三维。结构元素的原点指定了图像中需要处理的像素范围,结构元素中数值为 1 的点决定结构元素的邻域像素,以及进行膨胀或腐蚀操作时是否需要参与计算。

在 MATLAB 中,结构元素是一个 MATLAB 对象。用以下函数获得任意大小和维数的结构元素的原点坐标:

origin=floor(size(nhood)+1)/2

其中,nhood 是结构元素定义的邻域,使用 getnhood 函数来获得来自 strel 结构元素的邻域。

在 MATLAB 图像工具箱中,用 strel 函数创建任意大小和形状的 strel 结构元素对象,strel 支持许多常用的形状,其中平面结构元素的形状类型有线形、圆形、菱形和八角形等,语法格式如下:

SE=strel('line',LEN,DEG)

创建一个平面的线形结构元素。其中,LEN 指定长度,DEG 指定线条与水平轴成逆时针的角度。

SE=strel('disk',R,N)

创建一个平面的圆形结构元素。其中,R 为半径;N 为 0、4、6、8,默认为 4。

SE=strel('diamond',R)

创建一个平面的菱形结构元素。其中,R 为非负整数,指定结构元素的原点到菱形结构体的尖端的距离。

非平面结构元素的形状类型有球形等,语法格式如下:

SE=strel('arbitrary',NHOOD,HEIGHT)

创建一个非平面的结构元素。其中,HEIGHT 是一个矩阵,大小与 NHOOD 相同,它制定了

NHOOD 中任何非零元素的高度值，HEIGH 必须为有限值。

　　SE＝strel('ball',R,H,N)

创建一个非平面的球形结构元素(实际上是一个椭圆体)。其中，R 是半径，为非负整数；H 是高度，为实数；N 为非负的偶数，默认为 8。

### 5.9.3　膨胀的 MATLAB 实现

　　MATLAB 图像工具箱中的膨胀函数为 imdilate，该函数将输入的待处理的图像 IM(灰度图像、二值图像或压缩的二值图像)转化为另一个灰度图像或者二值图像 IM2。它有两个主要的参数，一个是待处理的图像，另一个是膨胀操作的结构元素，或者是由结构元素定义的邻域。其语法格式如下：

　　IM2＝imdilate(IM,SE)

　　IM2＝imdilate(IM,NHOOD)

　　IM2＝imdilate(IM,SE,PACKOPT)

　　IM2＝imdilate(...,PADOPT)

其中，SE 是由 strel 函数返回的结构元素对象；NHOOD 是由 strel 函数返回的由 0 和 1 为元素的结构元素的邻域。

　　PACKPOT 参数指定输入图像为一个压缩的二值图像。在 MATLAB 中，用 bwback 函数实现二值图像的压缩。可选参数有：'ispacked'指定输入图像是压缩过的；'notpacked'指定输入图像是未压缩的。

　　PADOPT 参数影响输出图像的大小，可选参数有：'full'指对输出图像进行边缘扩张；'same'指输出图像和输入图像具有同样的大小。

　　下面通过实例来介绍图像膨胀的具体应用。

　　【例 5-9-1】写出一个程序，要求该程序采用球形结构元素对一个灰度图像进行膨胀。

　　MATLAB 程序如下：

```
I = imread('E:\hua1.jpg');
imshow(I);
SE = strel('ball',5,5);%调用 SE = strel('ball',R,H,N)函数来获取球形结构元素
I2 = imdilate(I,SE);%调用 IM2 = imdilate(IM,SE)函数实现膨胀
figure
imshow(I2);
```

　　运行结果如图 5-26 所示。图 5-26(a)所示是原始图像，图 5-26 (b)所示是膨胀结果。

(a) 原始图像　　　　　　　　　　(b) 膨胀结果

**图 5-26　图像的膨胀**

### 5.9.4  腐蚀的 MATLAB 实现

MATLAB 图像工具箱中的腐蚀函数为 imerode,该函数将输入的待处理的图像 IM(灰度图像、二值图像或压缩的二值图像)转化为另一个灰度图像或者二值图像 IM2。它有两个主要的参数:一个是待处理的图像,另一个是腐蚀操作的结构元素,或者是由结构元素定义的邻域。其语法格式如下:

IM2＝imerode(IM,SE)

IM2＝imerode(IM,NHOOD)

IM2＝imerode(...,PACKOPT,M)

IM2＝imerode(...,PADOPT)

其中,M 是原始未压缩图像的行的维数,其余参数参照膨胀语法的定义。

下面通过实例来介绍图像腐蚀的具体应用。

【例 5-9-2】编写程序实现采用球形结构元素对一个灰度图像进行腐蚀。

MATLAB 程序如下:

```
I = imread('E:\hua1.jpg');
imshow(I);
SE = strel('ball',5,5);% 调用 SE = strel('ball',R,H,N)函数来获取球形结构元素
I2 = imerode(I,SE);% 调用 IM2 = imerode(IM,SE)函数来进行腐蚀
figure
imshow(I2);
```

运行结果如图 5-27 所示。图 5-27(a)所示是原始图像,图 5-27(b)所示是腐蚀结果。

(a) 原始图像          (b) 腐蚀结果

**图 5-27  图像的腐蚀**

## 参考文献

[1] 王爱玲,叶明生,邓秋香. MATLAB R2007 图像处理技术与应用[M]. 北京:电子工业出版社,2008.

[2] 杨丹,赵海滨. MATLAB 图像处理实例详解[M]. 北京:清华大学出版社,2013.

[3] 冈萨雷斯. 数字图像处理的 MATLAB 实现[M]. 2 版. 阮秋琦,译. 北京:清华大学出版社,2013.

# 第三部分　实例篇

# 第 **6** 章

## 课程设计综合实例

在光学实验中,一般需要稳定的环境和高精密的仪器,为克服光学实验对实验条件要求比较苛刻的缺点,可采用计算机仿真光学实验。另外,在光学仪器设计和优化过程中,计算机的数值仿真已经成为不可缺少的手段,通过仿真计算,可以大幅度节省实验所耗费的人力、物力。因此,近年来,MATLAB仿真在光学实践教学中的应用越来越广泛。本章结合光学课程的基本原理,列举了一些MATLAB在光学课程设计中的应用实例。

### 6.1 基于 MATLAB 的汽车牌照识别系统的设计与实现

现代社会已进入信息时代,随着计算机技术、通信技术和计算机网络技术的发展,自动化的信息处理能力和水平不断提高,并在社会生活的各个领域得到广泛应用。在这种情况下,作为信息来源的自动检测、图像识别技术越来越受到人们的重视。作为现代社会主要交通工具之一的汽车,在生产、生活的各个领域得到大量使用,对它的信息自动采集和管理在交通车辆管理、园区车辆管理、停车场管理等方面有十分重要的意义,成为信息处理技术的一项重要课题。

#### 6.1.1 设计目的

车辆牌照识别系统(License Plate Recognition System,LPRS)是建设智能交通系统不可或缺的部分。基于 MATLAB 的汽车牌照识别系统是通过引入数字摄像技术和计算机信息管理技术,采用先进的图像处理、模式识别和人工智能技术,通过对图像的采集和处理,获得更多的信息,从而通过智能识别车牌来达到更高的智能化管理程度。

通过本课程设计的学习,熟悉车牌识别系统的基本原理以及基于 MATLAB 的实现方法。

#### 6.1.2 设计任务及具体要求

车牌识别系统整个处理过程分为预处理、边缘提取、车牌定位、字符分割、字符识别五大模块,用 MATLAB 软件编程来实现每一个部分处理过程,最后使得计算机可以自主识别汽车牌照。

#### 6.1.3 基本原理概述

基于 MATLAB 图像处理的汽车牌照识别系统主要包括车牌定位、车牌字符分割和车牌字符识别三个关键环节,其识别流程图如图 6-1 所示。

其中:

① 原始车牌图像:由数码相机或其他扫描装置拍摄到的车牌图像。

② 车牌图像预处理:对动态采集到的车牌图像进行滤波、边界增强等处理以克服图像干扰。

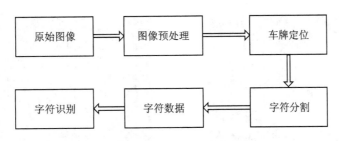

图 6-1　车牌识别流程框图

③ 车牌定位:计算边缘图像的投影面积,寻找峰谷点,大致确定车牌位置,再计算此连通域内的宽高比,剔除不在域值范围内的连通域,最后得到车牌字符区域。

④ 字符分割:利用投影检测的字符定位分割方法得到单个的字符。

⑤ 字符数据库:为下一步的字符识别建立字符模板数据库。

⑥ 字符识别:通过基于模板匹配的 OCR 算法或基于人工神经网络的 OCR 算法,通过特征对比或训练识别出相关的字符,得到最后的汽车牌照,包括英文字母和数字。

## 6.1.4　设计方案及验证

### 1. 车牌图像预处理

**具体步骤:**首先对车牌图像进行灰度转换,进行二值化处理后采用 $4\times1$ 的结构元素对车牌图像进行腐蚀,去除车牌图像的噪声。采用 $E(x,y,z)=E_0\dfrac{\omega_0}{\omega(z)}\mathrm{e}^{-\frac{x^2+y^2}{\omega^2(z)}}\mathrm{e}^{-\mathrm{i}\left\{k\left[z+\frac{x^2+y^2}{2R(z)}\right]\arctan\frac{z}{f}\right\}}$

的结构元素,对车牌图像进行闭合运算,使车牌所在的区域形成连通,再进行形态学滤波去除其他区域。上式中 $E_0$ 为常数,$\omega_0$ 为腰斑半径,$R(z)$、$\omega(z)$ 分别表示 $z$ 坐标处高斯光束的等相位面曲率半径及等相位面上的光斑半径,$f$ 为产生高斯光束的共焦腔焦参数。

MATLAB 程序如下:

```
I = imread('E:\car.jpg');
I1 = rgb2gray(I);
I2 = edge(I1,'roberts',0.09,'both');
se = [1;1;1];
I3 = imerode(I2,se);
se = strel('rectangle',[25,25]);
I4 = imclose(I3,se);
I5 = bwareaopen(I4,1000);
```

由图 6-2~图 6-7 可知,对原始图像经过一系列处理后,图像中基本上只包含了车牌区域,因此后期处理将通过图 6-7 找出车牌位置。

图 6-2　原始图像

图 6-3　灰度图像

若您对此书内容有任何疑问,可以登录MATLAB中文论坛与同行们交流。

图 6-4　边缘检测后图像

图 6-5　腐蚀后的边缘图像

图 6-6　聚类填充后的图像

图 6-7　形态滤波后的图像

## 2. 车牌定位

观察经过预处理后得到的车牌图像,可以发现车牌位置有明显的矩形图样,通过对矩形区域的定位即可获得具体的车牌位置。

(1) 确定车牌的行起始和终止位置

MATLAB 程序如下:

```
[y,x,z] = size(I5);
I6 = double(I5);
Y1 = zeros(y,1);
for i = 1:y
for j = 1:x
if(I6(i,j,1) = = 1)
Y1(i,1) = Y1(i,1) + 1;
end
end
end
figure();
subplot(1,2,1);
plot(0:y - 1,Y1),title('行像素灰度值累计');
xlabel('行值'),ylabel('像素和');
[temp, MaxY] = max(Y1);
PY1 = MaxY;
while ((Y1(PY1,1)> = 5)&&(PY1>1))
PY1 = PY1 - 1;
end
PY2 = MaxY;
while ((Y1(PY2,1)> = 5)&&(PY2<y))
PY2 = PY2 + 1;
end
```

（2）确定车牌的列起始位置和终止位置

MATLAB 程序如下：

```
X1 = zeros(1,x);
for j = 1:x
for i = PY1:PY2
if(I6(i,j,1) = = 1)
X1(1,j) = X1(1,j) + 1;
end
end
end
subplot(1,2,2);
plot(0:x - 1,X1),title(' 列像素灰度值累计 ');
xlabel(' 列值 '),ylabel(' 像数和 ');
PX1 = 1;
while ((X1(1,PX1)<3)&&(PX1<x))
PX1 = PX1 + 1;
end
PX2 = x;
while ((X1(1,PX2)<3)&&(PX2>PX1))
PX2 = PX2 - 1;
end
PX1 = PX1 - 1;
PX2 = PX2 + 1;
```

图 6 - 8 所示为像素灰度值的累计图。

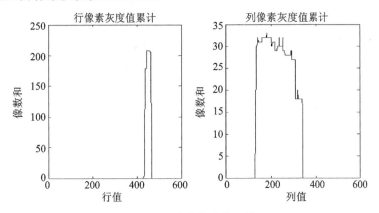

**图 6 - 8　像素灰度值累计**

（3）确定定位后车牌图像

拼合获取的车牌图像的行列位置，MATLAB 程序如下：

```
DW = I(PY1:PY2,PX1:PX2,:);
figure;
imshow(DW),title(' 车牌定位后图像 ');
imwrite(DW,'dw.jpg');
```

车牌定位后图像如图 6 - 9 所示。

**3. 车牌字符分割**

在汽车牌照自动识别过程中，字符分割有承前启后的作用。它是在前期牌照定位的基础上进行字符的分割，然后再利用分割的结果进行字符识别。为了使程序更加简洁，本设计将字符分割部分的代码设计成.m 文件的格式，在 MATLAB 命令行里可以方便地调用这个用于字

若您对此书内容有任何疑问，可以登录MATLAB中文论坛与同行们交流。

图 6-9　车牌定位后图像

符分割的文件,类似于 C 语言中的函数调用形式。

　　MATLAB 程序如下:

```
function [PIN0,PIN1,PIN2,PIN3,PIN4,PIN5,PIN6] = cut(I)
% %二值化车牌图像
I1 = rgb2gray(I);
I1 = im2bw(I1,graythresh(I1));      % 二值化图像
I2 = bwareaopen(I1,16);      % 去除小于 16 像素的区块
[y,x] = size(I2);
I3 = double(I2);
X1 = zeros(1,x);
for j = 1:x
for i = 1:y
if(I3(i,j,1) = = 1)
    X1(1,j) = X1(1,j) + 1;
    end
end
end
Px0 = 1;
Px1 = 1;
for i = 1:7
while ((X1(1,Px0)<3)&&(Px0<x))
    Px0 = Px0 + 1;
end
Px1 = Px0;
while (((X1(1,Px1)> = 3)&&(Px1<x))||((Px1 - Px0)<10))
    Px1 = Px1 + 1;
end
Z = I2(:,Px0:Px1,:);
switch strcat('Z',num2str(i))
case 'Z1'
PIN0 = Z;
case 'Z2'
PIN1 = Z;
case 'Z3'
PIN2 = Z;
case 'Z4'
PIN3 = Z;
case 'Z5'
PIN4 = Z;
case 'Z6'
PIN5 = Z;
otherwise
```

```
PIN6 = Z;
end
Px0 = Px1;
end
```

图 6-10 所示为车牌的二值化图像和像素累计图，图 6-11 所示是分割后的车牌图像。

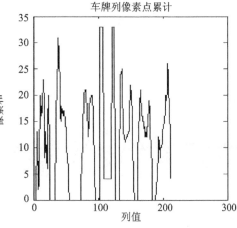

图 6-10　车牌二值化图像及像素累计图

图 6-11　分割成七块后的车牌图像

#### 4．建立字符模板数据库

模板库的合理建造是字符识别的关键之一，所以在字符识别之前必须把模板库设置好。汽车牌照的字符一般有 7 个，大部分车牌第一位是汉字，通常代表车辆所属省份，或是军种、警别等有特定含义的字符简称；紧接其后的为字母与数字。车牌字符识别与一般文字识别的区别在于它的字符数有限，十个阿拉伯数字 0~9、26 个大写英文字母 A~Z，以及相关的车牌用汉字：京、沪、苏、台、港、澳、甲、乙、丙、使、领、学、试、境、消、边、警等，新式军牌中的汉字南、兰、广、北、沈、济、空、海等；车牌颜色：蓝、白、黑、黄等。所以建立字符模板库也极为方便。

通过获取几幅不同的车牌图片，在截取到的图片基础上使用 Photoshop 制作的部分图片如图 6-12 所示。

图 6-12　部分字符模板

若您对此书内容有任何疑问，可以登录 MATLAB 中文论坛与同行们交流。

建立模板数据库时必须对这些图片进行统一处理,通过对前面处理分割后的车牌图像的测量得知单个字符的最佳宽高比是 1:2,所以将这些图片归一化为 $50×25$ 的大小;由于之后的字符识别考虑使用神经网络算法进行字符识别,所以再将上面归一化后的模板图像的样本排列在一起构成 $1\,280×18$ 的矩阵样本。与字符分割部分相同,建立字符数据库的代码也设计成.m 文件的格式。

MATLAB 程序如下:

```
functioninpt = pretreatment(I)
% 训练样本前期处理
if isrgb(I)
I1 = rgb2gray(I);
else
I1 = I;
end
I1 = imresize(I1,[50 25]);        % 将图片统一划为 50 * 25 大小
I1 = im2bw(I1,0.9);
[m,n] = size(I1);
inpt = zeros(1,m * n);
% % 将图像按列转换成一个行向量
for j = 1:n
for i = 1:m
inpt(1,m * (j - 1) + i) = I1(i,j);
end
end
```

### 5. 车牌字符识别

目前,用于车牌字符识别中的算法主要有基于模板匹配的 OCR 算法以及基于人工神经网络的 OCR 算法。基于模板匹配的 OCR 的基本过程:首先对待识别字符进行二值化,并将其尺寸大小缩放为字符数据库中模板的大小,然后与所有的模板进行匹配,最后选最佳匹配作为结果。用人工神经网络进行字符识别主要有两种方法:一种方法是先对待识别字符进行特征提取,然后用所获得的特征来训练神经网络分类器。识别效果与字符特征的提取有关,而字符特征提取往往比较耗时。因此,字符特征的提取就成为研究的关键。另一种方法则充分利用神经网络的特点,直接把待处理图像输入网络,由网络自动实现特征提取直至识别。本设计采用基于人工神经网络的方法来识别车牌字符。

MATLAB 程序如下:

```
% % 归一化训练样本
I0 = pretreatment(imread('BP/0.jpg'));
I1 = pretreatment(imread('BP/1.jpg'));
I2 = pretreatment(imread('BP/2.jpg'));
I3 = pretreatment(imread('BP/3.jpg'));
I4 = pretreatment(imread('BP/4.jpg'));
I5 = pretreatment(imread('BP/4.jpg'));
I6 = pretreatment(imread('BP/5.jpg'));
I7 = pretreatment(imread('BP/6.jpg'));
I8 = pretreatment(imread('BP/8.jpg'));
I9 = pretreatment(imread('BP/9.jpg'));
I10 = pretreatment(imread('BP/A.jpg'));
I11 = pretreatment(imread('BP/B.jpg'));
I12 = pretreatment(imread('BP/C.jpg'));
```

```
I13 = pretreatment(imread('BP/D.jpg'));
I14 = pretreatment(imread('BP/H.jpg'));
I15 = pretreatment(imread('BP/K.jpg'));
I16 = pretreatment(imread('BP/L.jpg'));
I17 = pretreatment(imread('BP/X.jpg'));
P = [I0',I1',I2',I3',I4',I5',I6',I7',I8',I9',I10',I11',I12',I13',
I14',I15',I16',I17'];
T = eye(18,18);        % 输出样本
%% bp 神经网络参数设置
net = newff(minmax(P),[1250,32,18],{'logsig','logsig','logsig'},'trainrp');
net.inputWeights{1,1}.initFcn = 'randnr';
net.layerWeights{2,1}.initFcn = 'randnr';
net.trainparam.epochs = 5000;
net.trainparam.show = 50;
% net.trainparam.lr = 0.003;
net.trainparam.goal = 0.0000000001;
net = init(net);
[net,tr] = train(net,P,T);        % 训练样本
%% 测试
% 字符分割及处理
dw = imread('dw.jpg');
[PIN0,PIN1,PIN2,PIN3,PIN4,PIN5,PIN6] = cut(dw);
%% 测试字符,得到识别数值
PIN0 = pretreatment(PIN0);
PIN1 = pretreatment(PIN1);
PIN2 = pretreatment(PIN2);
PIN3 = pretreatment(PIN3);
PIN4 = pretreatment(PIN4);
PIN5 = pretreatment(PIN5);
PIN6 = pretreatment(PIN6);
P0 = [PIN0',PIN1',PIN2',PIN3',PIN4',PIN5',PIN6'];
for i = 2:7
T0 = sim(net,P0(:,i));
T1 = compet(T0);
d = find(T1 == 1) - 1;
if (d == 10)
str = 'A';
elseif (d == 11)
str = 'B';
elseif (d == 12)
str = 'C';
elseif (d == 13)
str = 'D';
elseif (d == 14)
str = 'H';
elseif (d == 15)
str = 'K';
elseif (d == 16)
str = 'L';
elseif (d == 17)
str = 'X';
elseif (d == 0)
str = '0';
elseif (d == 1)
str = '1';
```

```
elseif (d = = 2)
str = '2';
elseif (d = = 3)
str = '3';
elseif (d = = 4)
str = '4';
elseif (d = = 5)
str = '5';
elseif (d = = 6)
str = '6';
elseif (d = = 7)
str = '7';
elseif (d = = 8)
str = '8';
elseif (d = = 9)
str = '9';
else
str = num2str(d);
end
switch i
case 2
str2 = str;
case 3
str3 = str;
case 4
str4 = str;
case 5
str5 = str;
case 6
str6 = str;
otherwise
str7 = str;
end
end
% % 识别出的结果以标题形式显示在图上
S = strcat('渝',str2,str3,str4,str5,str6,str7);
figure();
imshow(dw),title('S');
```

识别结果如图 6 - 13 所示。

图 6 - 13　识别结果

　　总之,在汽车车牌识别的整个过程中,综合了各方面的信息。车牌实现的每一步都有许多的方法,各种方法都有其优劣,但是对于具体的车牌图像处理,并不是每一种理论在实践中都可以实现,即使实现了也很难说哪一种方法最合适,还得在具体的实验中比较选择。测试结果

表明,本设计有以下几条优点:

① 充分利用 MATLAB 中已有的函数库,使整个程序设计简单易行;

② 使用了 MATLAB 的自定义函数功能,使程序设计更简洁。

但也发现了一些缺点:

① 程序的局限性:只能针对图像中一辆汽车的牌照进行识别;对于图像内的元素较复杂的照片可能无法进行识别。

② 神经网络的训练要花费 30 s 以上的训练时间才能进行下一步的字符识别,效率太慢。

③ 程序可能会因软件版本不同而影响识别准确性,据测试,MATLAB 的 2010a 版比 2009a 版识别效率高,准确性也高。

本车牌识别系统能够得以顺利完成,在很大程度上得益于 MATLAB 软件,MATLAB 功能强大,它包括数值计算和符号计算,并且计算结果和编程可视化。这为编程调试创造了一个便利的环境。作为图像处理最适用的工具之一,其突出的特点是它包含一个图像处理工具包,这个工具包由一系列支持图像处理操作的函数组成。所支持的图像处理操作有:图像的几何操作、邻域和区域操作、图像变换、图像恢复与增强、线性滤波和滤波器设计、变换(DCT 变换等)、图像分析和统计、二值图像操作等。在图像的显示方面,MATLAB 提供了图像文件读入函数 imread(用来读取如 .bmp、.tif、.jpg、.pcx、.tiff、.jpeg、.hdf、.xwd 等格式的图像文件)、图像写出函数 imwrite,还有图像显示函数 image、imshow,等等,这些都使编程效率大为提高。

# 参考文献

[1] 赵丹,丁金华. 基于 MATLAB 的车牌识别[J]. 大连工业大学学报,2009,28(4):303-304.

[2] 王刚,冀小平. 基于 MATLAB 的车牌识别系统研究[J]. 电子设计工程,2009,17(11):72-73.

[3] 徐辉. 基于 MATLAB 实现汽车车牌自动识别系统[J]. 人工智能及检测技术,2010,6(17):70.

[4] 王小川,史峰,郁磊,等. MATLAB 神经网络 43 个案例分析[M]. 北京:北京航空航天大学出版社,2013.

# 6.2 基于 MATLAB 的空间滤波仿真实现

## 6.2.1 设计目的

➢ 掌握空间滤波的基本原理,理解成像过程中"分频"与"合成"的作用;

➢ 掌握方向滤波、高通滤波、低通滤波等滤波技术;

➢ 观察各种滤波器产生的滤波效果,加深对光学信息处理实质的理解。

## 6.2.2 设计任务及要求

利用 MATLAB 软件分别实现高通滤波、低通滤波、带通滤波和方向滤波的仿真。

## 6.2.3 设计原理概述

空间滤波是光学信息处理的一种重要技术,阿贝-波特实验是空间滤波的典型实验,如图 6-14 所示,它极为形象地验证了阿贝成像原理。阿贝成像原理认为:透镜成像过程可分两步,第一步是通过物的衍射光在透镜的后焦面(频谱面)上形成空间频率,这是衍射所引起的"分频"作用;第二步是代表不同空间频率的各光束在像平面上相干叠加而形成物体的像,这是干涉所引起的"合成"作用。这两步从本质上讲就是对应两次傅里叶变换。如果这两次傅里叶变换是完全理想的,即信息没有任何流失,则像和物应完全一样。如果在频谱面上设置各种空间滤波器,挡去频谱中某一些空间频率的成分,则将明显地影响图像,这就是空间滤波。光学信息处理的实质就是设法在频谱面上滤去无用信息分量而保留有用分量,从而在图像面上提取所需要的图像信息。

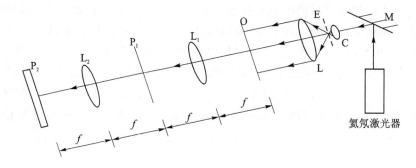

M—全反射镜;C—扩束镜;L—准直透镜;O—物;
L₁、L₂—傅里叶变换透镜;P₁—频谱面;P₂—像平面;E—针孔滤波器

**图 6-14　空间滤波光路**

常用的空间滤波器如图 6-15 所示。

(a) 低通滤波器　　(b) 高通滤波器　　(c) 带通滤波器　　(d) 方向滤波器1　　(e) 方向滤波器2　　(f) 方向滤波器3

**图 6-15　常用的空间滤波器**

## 6.2.4 空间滤波的仿真设计实现

空间滤波是傅里叶光学最基本的应用,其实质是利用光学方法实现二维函数的傅里叶变换,从而使光学信息在空间频域范围内得以处理,例如信息提取、图像识别、去噪等。但在实际中,由于受仪器、场地等方面的限制,要实现一个理想的滤波器往往是比较困难的,利用数值方法则比较方便。尤其在实验调试阶段,借助计算机仿真技术,可以灵活改变实验条件。通过对仿真结果的比较分析,空间滤波器的窗口大小与形状都能影响实验结果。

在 MATLAB 中,可通过以下方法制作相应的滤波器。

① 用[m,n]=size(f)语句获得输入图像的大小;

② 设置滤波器的大小为 $m \times n$,令整个滤波器的透过率函数 $t(j,k)=0$ 或 1(低通时为 0,

高通时为 1);

③ 运用 for...end 循环结构,将需要通光或挡光的区域的 $t(j,k)$ 赋为 1 或 0(低通时为 1,高通时为 0);

④ 调用 imshow(t)显示滤波器的形状。

【例 6 - 2 - 1】低通滤波仿真实验。

MATLAB 程序如下:

```
% 低通滤波器
clear
Y1 = imread('fft.jpg');
J1 = fftshift(fft2(rgb2gray(Y1)));
[m,n] = size(J1);
J2 = zeros(m,n);
T = zeros(m,n);
for i = 1:m
    for j = 1:n
    if sqrt((i - m/2)^2 + (j - n/2)^2)> = 30
            T(i,j) = 0;
    else
        T(i,j) = 1;

    end
    J2(i,j) = T(i,j) * J1(i,j);
    end
end
figure
subplot(3,2,1);imshow(Y1);title('原物像');
subplot(3,2,2);imshow(abs(J1),[]);title('物体的场');
J11 = uint8(real(ifft2(ifftshift(J2))));
subplot(3,2,3);imshow(T,[]);title('低通滤波器')
subplot(3,2,4);imshow(abs(J2),[]);title('滤波后物体的场');
subplot(3,2,5);imshow(J11,[]);title('通过滤波器后的物体')
```

运行结果如图 6 - 16 所示。

低通滤波器是只允许位于频谱面中心及其附近的低通分量通过,去掉频谱面上离光轴较远的高频成分从而滤掉高频噪声,由于仅保留了离轴较近的低频成分,因而图像细结构消失。

【例 6 - 2 - 2】高通滤波仿真实验。

MATLAB 程序如下:

```
% 高通滤波器
clear
Y1 = imread('fft.jpg');
J1 = fftshift(fft2(rgb2gray(Y1)));
[m,n] = size(J1);
J2 = zeros(m,n);
T = zeros(m,n);
for i = 1:m
    for j = 1:n
    if sqrt((i - m/2)^2 + (j - n/2)^2)< = 30
            T(i,j) = 0;
    else
```

```
            T(i,j) = 1;

        end
        J2(i,j) = T(i,j) * J1(i,j);
        end
end
figure
subplot(3,2,1);imshow(Y1);title('原物像');
subplot(3,2,2);imshow(abs(J1),[]);title('物体的场');
J11 = uint8(real(ifft2(ifftshift(J2))));
subplot(3,2,3);imshow(T,[]);title('高通滤波器')
subplot(3,2,4);imshow(abs(J2),[]);title('滤波后物体的场');
subplot(3,2,5);imshow(J11,[]);title('通过滤波器后的物体')
```

运行结果如图 6 – 17 所示。

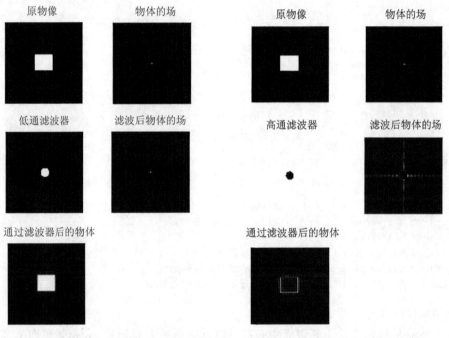

图 6 – 16　低通滤波仿真实验结果　　　　图 6 – 17　高通滤波仿真实验结果

高通滤波器阻挡低频分量而允许高频分量通过,可以实现图像的衬度反转或边缘增强,所以图像轮廓明显。

【例 6 – 2 – 3】带通滤波仿真实验。

MATLAB 程序如下:

```
% 带通滤波器
clear
Y1 = imread('fft.jpg');
J1 = fftshift(fft2(rgb2gray(Y1)));
[m,n] = size(J1);
J2 = zeros(m,n);
T = zeros(m,n);
for i = 1:m
```

```
        for j = 1:n
        if (sqrt((i - m/2)^2 + (j - n/2)^2) <= 30)||(sqrt((i - m/2)^2 + (j - n/2)^2) >= 80)
                T(i,j) = 0;
        else
            T(i,j) = 1;

        end
        J2(i,j) = T(i,j) * J1(i,j);
        end
end
figure
subplot(3,2,1);imshow(Y1);title('原物像');
subplot(3,2,2);imshow(abs(J1),[]);title('物体的场');
J11 = uint8(real(ifft2(ifftshift(J2))));
subplot(3,2,3);imshow(T,[]);title('带通滤波器')
subplot(3,2,4);imshow(abs(J2),[]);title('滤波后物体的场');
subplot(3,2,5);imshow(J11,[]);title('通过滤波器后的物体')
```

运行结果如图 6 - 18 所示。

带通滤波器只允许特定空间的频谱通过,可以产生随机噪声。

【例 6 - 2 - 4】十字架(方向)滤波仿真实验。

MATLAB 程序如下:

```
% 十字架滤波器
clear
Y1 = imread('fft.jpg');
J1 = fftshift(fft2(rgb2gray(Y1)));
[m,n] = size(J1);
J2 = zeros(m,n);
T = zeros(m,n);
for i = 1:m
    for j = 1:n
        if (abs(i - m/2) <= 40)||(abs(j - n/2) <= 40)
                T(i,j) = 1;
        else
            T(i,j) = 0;

        end
        J2(i,j) = T(i,j) * J1(i,j);
        end
end
figure
subplot(3,2,1);imshow(Y1);title('原物像');
subplot(3,2,2);imshow(abs(J1),[]);title('物体的场');
J11 = uint8(real(ifft2(ifftshift(J2))));
subplot(3,2,3);imshow(T,[]);title('十字架滤波器')
subplot(3,2,4);imshow(abs(J2),[]);title('滤波后物体的场');
subplot(3,2,5);imshow(J11,[]);title('通过滤波器后的物体')
```

运行结果如图 6 - 19 所示。

十字架(方向)滤波器只允许横轴和纵轴方向的频谱分量通过。

若您对此书内容有任何疑问,可以登录 MATLAB 中文论坛与同行们交流。

原物像     物体的场     原物像     物体的场

带通滤波器     滤波后物体的场     十字架滤波器     滤波后物体的场

通过滤波器后的物体     通过滤波器后的物体

图 6-18 带通滤波仿真实验结果     图 6-19 十字架(方向)滤波仿真实验结果(一)

【例 6-2-5】对角方向滤波仿真实验。

MATLAB 程序如下:

```
% 对角方向滤波器
clear
Y1 = imread('fft.jpg');
J1 = fftshift(fft2(rgb2gray(Y1)));
[m,n] = size(J1);
J2 = zeros(m,n);
T = zeros(m,n);
for i = 80:m - 80
    for j = 110:n - 70
    if abs(i - (n - j)) < = 40
            T(i,j) = 1;
    else
        T(i,j) = 0;

    end
    J2(i,j) = T(i,j) * J1(i,j);
    end
end
figure
subplot(3,2,1);imshow(Y1);title('原物像');
subplot(3,2,2);imshow(abs(J1),[]);title('物体的场');
J11 = uint8(real(ifft2(ifftshift(J2))));
subplot(3,2,3);imshow(T,[]);title('方向滤波器')
subplot(3,2,4);imshow(abs(J2),[]);title('滤波后物体的场');
subplot(3,2,5);imshow(J11,[]);title('通过滤波器后的物体')
```

运行结果如图 6-20 所示。

对角方向滤波器只允许对角方向的频谱分量通过,可以突出对角方向特性。

总之,利用 MATLAB 强大的可视化功能,模拟空间滤波实验的过程更直观,滤波器的设置更准确,结果更清晰。空间滤波仿真实验有以下优点:

① 借助 MATLAB 构建模型模拟光学频谱分析系统进行空间滤波实验,能显示复杂的物理现象,使抽象的问题形象化。

② 在模拟实验中,读者更能理解光学频谱分析系统所进行的操作,如何与数字图像处理中的频谱分解、空间滤波、频谱综合等相对应。

③ 在模拟实验中,可以处理各种图像,也可以设置各种滤波器进行图像处理,而这两点在实验中由于设备所限不能达到很好的目的。

原物像　　　　　　物体的场

方向滤波器　　　　滤波后物体的场

通过滤波器后的物体

**图 6-20　方向滤波仿真实验结果(二)**

# 参考文献

[1] 罗元,胡章芳,郑培超.信息光学实验教程[M].哈尔滨:哈尔滨工业大学出版社,2011.

[2] 郎晓萍,李晓英.空间滤波实验计算机仿真的实践与研究[J].中外教育研究,2011,1:35-36.

[3] 张奇辉,王宏,蓝发超.基于 MATLAB 的空间滤波实验的计算机仿真[J].广西物理,2008,29(1):35-38.

[4] 谢嘉宁,赵建林.光学空间滤波的计算机仿真[J].光子学报,2002,31(7):847-850.

[5] 李芳菊,耿森林.利用 MATLAB GUI 实现空间滤波的实验仿真[J].价值工程,2012,31(29):302-303.

# 6.3　基于 MATLAB 的高斯光束及传输特性分析

## 6.3.1　设计目的

➢ 掌握高斯光束的光强分布特点及传播过程中光强的变化;
➢ 熟悉高斯光束通过透镜的聚焦;
➢ 熟悉高斯光束的传输变换;
➢ 熟悉高斯光束在晶体中的传输。

### 6.3.2　设计任务及要求

本设计旨在用 MATLAB 实现高斯光束光强分布和传播过程中高斯光强的变化,高斯光束通过透镜的聚焦、高斯光束传输变换的仿真。

### 6.3.3　设计原理概述

激光具有很好的单色性(时间相干性)、方向性(高度的空间相干性)以及很高的相干光强(高亮度),为此得到了极为广泛的应用。激光器产生的激光束既不同于点光源发出的球面波,又不同于平行光束的平面波。无论是方形镜共焦腔还是圆形镜共焦腔,它们所激发的基模横波场都是一样的,其横向振幅分布为高斯函数,又称之为基模高斯光束,或简称高斯光束。沿 $z$ 轴方向传播的高斯光束解析表达式如下:

$$E(x,y,z)=\frac{c}{\omega(z)}e^{-\frac{x^2+y^2}{\omega^2(z)}}e^{-i\left\{k\left[z+\frac{x^2+y^2}{2R(z)}\right]\arctan\frac{z}{f}\right\}} \qquad (6-1)$$

式中,$c$ 为常数,$R(z)$、$\omega(z)$ 分别表示 $z$ 坐标处高斯光束的等相位面曲率半径及等相位面上的光斑半径。$f$ 为产生高斯光束的共焦腔焦参数,也称高斯光束的焦参数。$\omega_0$ 和 $f$ 存在如下关系:

$$f=\pi w_0^2/\lambda, \qquad \omega_0=\sqrt{\lambda f/\pi} \qquad (6-2)$$

式中,$\lambda$ 为激光束波长。

高斯光束的基本性质如下:

(1) 振幅分布及光斑半径

高斯光束在任一 $z$ 坐标处,其横向振幅分布均为高斯型分布,光斑半径随 $z$ 坐标而变,即

$$\omega(z)=\omega_0\sqrt{1+\left(\frac{z}{f}\right)^2}=\omega_0\sqrt{1+\left(\frac{\lambda z}{\pi\omega_0^2}\right)^2} \qquad (6-3)$$

在 $z=0$ 处,$\omega(0)=\omega_0$ 为腰斑半径,又称光腰或束腰。$z$ 轴坐标原点设在光束的腰处。在 $z=\pm f$ 处,$w(\pm f)=\sqrt{2}w_0$。

(2) 等相位面分布

沿高斯光束轴线每一点处的等相位面都可以视为球面,曲率半径也随 $z$ 坐标而变,即

$$R(z)=z\left[1+\left(\frac{f}{z}\right)^2\right]=z\left[1+\left(\frac{\pi\omega_0^2}{\lambda z}\right)^2\right] \qquad (6-4)$$

(3) 远场发散角

高斯光束的远场发散角的定义为

$$\theta=2\sqrt{\lambda/(\pi f)}=2\lambda/(\pi w_0) \qquad (6-5)$$

由此式可见,腰斑越小,发散角越大。

(4) 高斯光束传播的复参数表示

$$q(z)=q(0)+z \qquad (6-6)$$

高斯光束在传播过程中的复参数 $q(z)$ 和同心球面光束的波面曲率半径 $R$ 的作用是相同的。

### 6.3.4　MATLAB 仿真实现

**1. 高斯光束的光强分布及传播过程中高斯光强的变化**

【例 6-3-1】高斯光强分布和传播过程中高斯光强变化的仿真。

MATLAB 程序如下:

```
clear;
N = input('Number of samples(enter from 100 to 500) = ') ; % N:抽样数
L = 10 * 10^ - 3;
Ld = input('请输入波长 [毫米] = ');
Ld = Ld * 10^ - 6;
ko = (2 * pi)/Ld;
wo = input('请输入束腰 [毫米] = ');
wo = wo * 10^ - 3;
z_ray = (ko * wo^2)/2 * 10^3;
z_ray = z_ray * 10^ - 3;
z = input('请输入传输距离 z[米] = ');
dx = L/N;
for n = 1:N + 1
    for m = 1:N + 1
            % 空间轴
            x(m) = (m - 1) * dx - L/2;
            y(n) = (n - 1) * dx - L/2;
            % 空域中的高斯光束
                Gau(n,m) = exp( - (x(m)^2 + y(n)^2)/(wo^2)); % 频率轴
            Kx(m) = (2 * pi * (m - 1))/(N * dx) - ((2 * pi * (N))/(N * dx))/2;
                Ky(n) = (2 * pi * (n - 1))/(N * dx) - ((2 * pi * (N))/(N * dx))/2;
            % 自由空间传输函数
            H(n,m) = exp(j/(2 * ko) * z * (Kx(m)^2 + Ky(n)^2));
        end
end
% 频域中的高斯光束
FGau = fft2(Gau);
FGau = fftshift(FGau);
% 频域中传输的高斯光束
FGau_pro = FGau. * H;
Gau_pro = ifft2(FGau_pro);
x = x * 10^3;
y = y * 10^3;
figure(1);
mesh(x,y,abs(Gau))
title('高斯光强分布 ')
xlabel('x [毫米]')
ylabel('y [毫米]')
axis([min(x) max(x) min(y) max(y) 0 1])
axis square
figure(2);
mesh(x,y,abs(Gau_pro))
title(['传播 ',num2str(z),'米后的高斯光束 '])
xlabel('x [毫米]')
ylabel('y [毫米]')
axis([min(x) max(x) min(y) max(y) 0 1])
axis square
```

N＝500,波长为 0.632 8 mm,束腰为 1 mm 时,不同传输距离时的运行结果如图 6－21 所示。

### 2. 高斯光束通过透镜的聚焦

高斯光束的聚焦讨论的是高斯光束经光学系统之后束腰之间的变换,本实验研究的是基模高斯光束的聚焦。单透镜的聚焦公式如下:

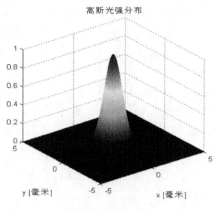

(a) 高斯光束光强分布     (b) 高斯光束传播10 m后的光强分布

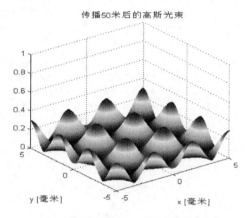

(c) 高斯光束传播50 m后的光强分布

图6-21　高斯光束光强分布和传播过程中高斯光强的变化

$$Z_2 = f - \frac{f^3(f-Z_1)}{(f-Z_1)^2 + \left(\frac{b_1}{2}\right)^3} \tag{6-7}$$

式中，$Z_1,Z_2$ 为束腰到透镜的距离，$b_1 = \frac{2\pi\omega_{10}^2}{\lambda} = 2\frac{\omega_{10}}{\theta_1}$ 为变换前基模激光束的变焦参数，$\omega_{10}$ 为变换前基模激光束的束腰半径，$\theta_1$ 为变换前基模激光束的发散角。变换后基模激光束的共焦参数、束腰半径分别为

$$b_2 = \frac{b_1 f^2}{(f-Z_1)^2 + \left(\frac{b_1}{2}\right)^2} \tag{6-8}$$

$$\omega_{20} = \left(\frac{\lambda b_2}{2\pi}\right)^{1/2} = \left(\frac{\lambda}{2\pi}\right)^{1/2} \cdot \left[\frac{b_1}{(f-Z_1)^2 + \left(\frac{b_1}{2}\right)^2}\right]^{1/2} \cdot f \tag{6-9}$$

　　从上述公式可以看出，在讨论激光束的聚焦问题时，共焦参数 $b_1$ 是一个十分重要的参数。共焦参数 $b_1$ 是产生该激光束的等效共焦腔腔长；同时它又描写了这样一个光束传播距离，即在该距离 $b_1$ 内，光束的光斑尺寸不大于束腰光斑尺寸的 $\sqrt{2}$ 倍，因而共焦参数又称为聚焦深度；同时，共焦参数又和束腰光斑尺寸的平方成正比。

【例 6 - 3 - 2】平凸透镜对 1 mm 半径高斯光束的聚焦衍射光强分布的仿真。

MATLAB 程序如下：

```
% 高斯光束透镜焦面衍射数值计算
clear;
clc;
tic;
n = 1.5062;        % 透镜的折射率,玻璃材料为 k9
d = 3;          % 透镜中心厚度
RL = 0.025e3;        % 透镜凸面曲率半径
f = RL/(n - 1);        % 透镜的焦距
R0 = 1;        % 入射光束半径
lambda = 1.064e - 3;
k = 2 * pi/lambda;
phy = lambda/pi/R0;
z = f;
mr2 = 51;
ne2 = 61;
mr0 = 81;
while sqrt(R0^2 + z^2) - sqrt(R0^2 * (1 - 1/mr0)^2 + z^2)>lambda/20
mr0 = mr0 + 1;
end
ne0 = mr0;
rmax = 5 * f * phy;
r = linspace(0,rmax,mr2);
eta = linspace(0,2 * pi,ne2);
[rho,theta] = meshgrid(r,eta);
[x,y] = pol2cart(theta,rho);
r0 = linspace(0,3 * R0,mr0);
eta0 = linspace(0,2 * pi * (ne0 - 1),ne0 - 1);
[rho0,theta0] = meshgrid(r0,eta0);
[x0,y0] = pol2cart(theta0,rho0);
deta = 3 * R0/(mr0 - 1) * 2 * pi/(ne0 - 1);
E2 = zeros(size(x));
E1 = exp( - (x0.^2 + y0.^2)/R0^2);
for gk = 1:ne2
for df = 1:mr2
Rrho = sqrt((x(gk,df) - x0).^2 + (y(gk,df) - y0).^2 + z^2);
Rtheta = z./Rrho;
opd = exp(j * k * ((n - 1) * (sqrt(RL^2 - rho0.^2) - (RL - d)) + d));
Ep = - j/lambda/2 * exp(Rrho * j * k). * (1 + Rtheta)./Rrho * deta. * rho0. * opd. * E1;
E2(gk,df) = sum(Ep(:));
end
end
Ie = conj(E2). * E2;
figure;
surf(x,y,Ie);
shading interp;
grid off;
box on;
toc;
```

运行结果如图 6 - 22 所示。

高斯光束与平面波不同的是,高斯光束不会像平面波一样会在衍射中心外围还存在衍射

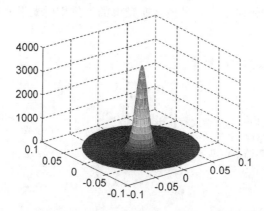

图 6 – 22    平凸透镜对 1 mm 半径高斯光束的聚焦衍射光强分布

环。当然,这是理想条件下的结论,如果高斯光束的边缘被截断,也可能会在外围出现衍射环,因此初始场的积分范围应该包括整个高斯光束,至少不小于三倍高斯光束的有效半径。

**3. 高斯光束的传输变换**

柯林斯积分公式简化了高斯光束通过各种 ABCD 系统繁琐的积分步骤,而且可以更为简单地描述高斯光束参数的传输和变换。定义高斯光束的复参数:

$$\frac{1}{q_2} = \frac{C + D\dfrac{1}{q_1}}{A + B\dfrac{1}{q_1}} \quad 或 \quad q_2 = \frac{Aq_1 + B}{Cq_1 + D} \tag{6-10}$$

于是,通过变换系统后的光束参数可以由复参数求得

$$\begin{cases} R(z_2) = 1/\mathrm{Re}(1/q_2) \\ \omega(z_2) = \mathrm{sqrt}\left[\dfrac{-\lambda M^2}{\pi \mathrm{Im}(1/q_2)}\right] \end{cases} \tag{6-11}$$

一般情况下,人们比较关心的是高斯光束在传输与变换过程中的光束口径的变化情况,尤其是在聚焦条件下,可以得到多小的聚焦光斑直径,从而计算它的功率密度并分析它的准直距离(焦深)。

【例 6 – 3 – 3】高斯光束通过二阶变换矩阵表征复杂光学系统的聚焦特性的仿真。假设一个焦距为 50 mm 的聚焦透镜,当入射高斯光束的束腰半径为 0.3 mm 时,仿真不同因子和束腰位置情况下的聚焦效果。

MATLAB 程序 1 如下:

```
% 不同光束质量高斯光束的聚焦
clear;clc;
lambda = 1.064e-3;
w0 = 0.2;
R0 = 1.0e30;
Mf1 = [1,0; -1/50,1];
z = linspace(0,300,1000);
Mp2 = input('输入光束质量因子 Mp2 = ')    % 输入光束质量因子
q0 = 1/(1/R0 - j*lambda*Mp2/pi/w0^2);
L1 = 100;  % 透镜的位置
wz = zeros(size(z));
for gk = 1:1000
```

```
if z(gk)< = L1
M = [1,z(gk);0,1];
q = (M(1,1) * q0 + M(1,2))/(M(2,1) * q0 + M(2,2));
wz(gk) = sqrt( -1/imag(1/q)/pi * lambda * Mp2);
elseif z(gk)>L1
M = [1,z(gk) - L1;0,1] * Mf1 * [1,L1;0,1];
q = (M(1,1) * q0 + M(1,2))/(M(2,1) * q0 + M(2,2));
wz(gk) = sqrt( -1/imag(1/q)/pi * lambda * Mp2);
end
end
plot(z,wz,'b',z, - wz,'b');
title('不同光束质量高斯光束的聚焦 ');
xlabel('z/mm');
ylabel('Wz/mm');
hold on;
```

运行结果如图 6 - 23(a)所示。

MATLAB 程序 2 如下：

```
% 不同物方束腰距离高斯光束的聚焦
clear;clc;
lambda = 1.064e - 3;
w0 = 0.2;
R0 = 1.0e30;
Mf1 = [1,0; - 1/50,1];
z = linspace(0,300,1000);
Mp2 = 1.5;
q0 = 1/(1/R0 - j * lambda * Mp2/pi/w0^2);
L1 = 200; % 透镜的位置
s = input('输入束腰的位置 s = ');% 键入束腰的位置
wz = zeros(size(z));
for gk = 1:1000
if z(gk)< = L1
M = [1,z(gk) - s;0,1];
q = (M(1,1) * q0 + M(1,2))/(M(2,1) * q0 + M(2,2));
wz(gk) = sqrt( -1/imag(1/q)/pi * lambda * Mp2);
elseif z(gk)>L1
M = [1,z(gk) - L1;0,1] * Mf1 * [1,L1 - s;0,1];
q = (M(1,1) * q0 + M(1,2))/(M(2,1) * q0 + M(2,2));
wz(gk) = sqrt( -1/imag(1/q)/pi * lambda * Mp2);
end
end
plot(z,wz,'b',z, - wz,'b');
title('不同物方束腰距离高斯光束的聚焦 ');
xlabel('z/mm');
ylabel('Wz/mm');
hold on;
```

运行结果如图 6 - 23(b)所示。

# 参考文献

[1] 欧攀.高等光学仿真[M].2 版.北京:北京航空航天大学出版社,2014.

[2] 王龙.沈学举,张维安，等.高斯光束的光谱传输特性分析[J].激光技术,2012,36

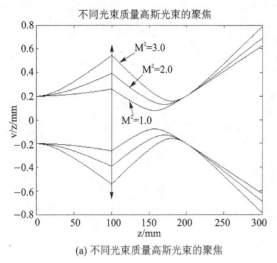

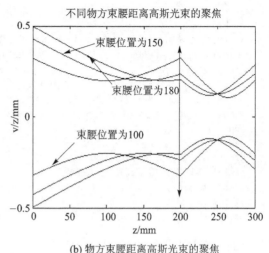

(a) 不同光束质量高斯光束的聚焦　　　　(b) 物方束腰距离高斯光束的聚焦

**图 6 - 23　高斯光束的聚焦特性**

(5):700-703
[3] 王帅. 受限高斯光束大气传输特性分析与数值模拟研究[D]. 南京:南京理工大学,2013.
[4] 刘珊珊,刘双峰,张磊磊,等. 空心傍轴高斯光束的传输特性[J]. 光电子技术应用,2011,26(1):24-26.

# 6.4　基于 MATLAB 的光纤定向耦合器的耦合特性分析

## 6.4.1　设计目的

➤ 掌握光纤的原理、结构及特点。
➤ 掌握 2×2 的光纤定向耦合器的传光原理及特性。

## 6.4.2　设计任务及要求

利用 MATLAB 分别仿真实现 2×2 的光纤定向耦合器在失配相位常数为 0 时的耦合情况;失配相位常数不为 0 时的耦合情况;失配相位常数与耦合效率之间的关系曲线。

## 6.4.3　设计原理概述

### 1. 2×2 光纤定向耦合器

2×2 光纤定向耦合器的示意图如图 6 - 24 所示。

图 6 - 24 中,两平行直光纤的纤芯相互接近时,在其中传输的基模场分布就会互相渗透和交叠。这样 1 号光纤中传播的导模场将在 2 号光纤中产生极化作用,从而在 2 号光纤中激起传导模。对于场振幅、耦合光纤中的耦合效率等理论分析请读者参阅相关的参考资料。

### 2. 设计流程

在设计中需要注意:如何求解单模光纤的本征值。从原理可知,传播常数跟光纤的本征值有着一一对应的关系,故而对传播常数的求解便是关键问题;对耦合系数进行积分求解需要用

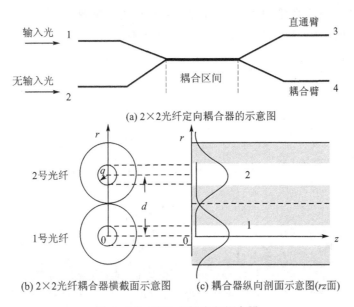

(a) 2×2光纤定向耦合器的示意图

(b) 2×2光纤耦合器横截面示意图    (c) 耦合器纵向剖面示意图(rz面)

**图 6 - 24   2×2 光纤定向耦合器**

到 MATLAB 中的二重积分函数,这就需要对函数变量进行取舍。显然对于柱形结构的光纤,选用极坐标更为合适。

　　2×2 光纤定向耦合器的 MATLAB 程序设计流程图如图 6 - 25 所示。该流程图的关键部

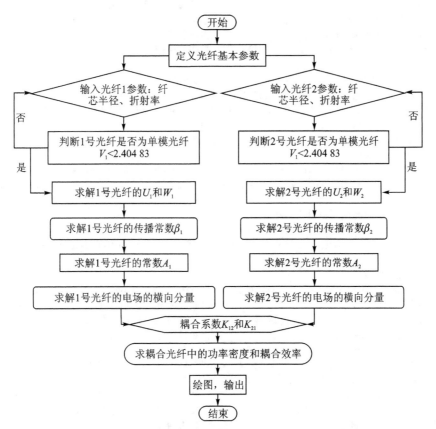

**图 6 - 25   2×2 光纤定向耦合器的 MATLAB 程序设计流程图**

159

分为判断光纤是否为单模光纤,求解特征方程从而获得传播常数,对耦合系数 $k_{12}$、$k_{21}$ 进行积分求解,求解光纤中的场振幅和能流密度,以及最终的绘图输出。

## 6.4.4 设计实现

MATLAB程序如下:

```
%定义光纤耦合器的基本参数
m = 0;n = 1;                                      %定义光纤模式
n_clad = 1.4955;                                  %包层折射率
lamda_0 = 1.55 * 1e - 06;                         %波导光波长
k0 = 2 * pi/lamda_0;                              %真空中波矢量
z0 = 122 * pi;                                    %真空波阻抗
a1_0 = 1;a2_0 = 0;                                %输入边界条件
eption_0 = 1/36/pi * 1e - 09;                     %真空介电常数
omega = 2 * pi/lamda_0 * 3 * 1e8;                 %光波角频率

                                                  %定义1号光纤的参数
r01_core = input('输入1号光纤的纤芯半径(单位为 μm) = ') * 1e - 06; %定义1号光纤纤芯半径
r01_clad = 3 * r01_core;                          %定义1号光纤的包层半径
nc01 = input('输入1号光纤的纤芯折射率 = '); %定义1号光纤的纤芯折射率
delta1 = (nc01 - n_clad)/nc01;                    %相对折射率差
V1 = nc01 * k0 * r01_core * sqrt(2 * delta1);     %归一化频率
while V1>2.40483,disp('1号光纤不是单模光纤,请重新输入');%判断1号光纤是否满足单模条件
r01_core = input('输入1号光纤的纤芯半径(单位为 μm) = ') * 1e - 06; %定义1号光纤纤芯半径
r01_clad = 3 * r01_core;                          %定义1号光纤的包层半径
nc01 = input('输入1号光纤的纤芯折射率 = '); %定义1号光纤的纤芯折射率
delta1 = (nc01 - n_clad)/nc01;                    %相对折射率差
V1 = nc01 * k0 * r01_core * sqrt(2 * delta1);     %归一化频率
end;
disp('1号光纤是单模光纤,输入正确')                %1号光纤定义结束
%由特征方程求1号光纤的归一化径向相位常数和归一化径向衰减常数
fun1 = @(U1) U1. * besselj(m + 1,U1)/besselj(m,U1) - sqrt(V1^2 - U1^2). * besselk(m + 1,sqrt(V1^2
- U1^2))./besselk(m,sqrt(V1^2 - U1^2)); %特征方程
U1 = fzero(fun1,1);                               %求解归一化径向相位常数 U
W1 = sqrt(V1^2 - U1^2);                           %求解归一化径向衰减常数 W
beta01 = sqrt(nc01^2 * k0^2 - (U1/r01_core)^2); %求解1号光纤的传播常数 beta
A1 = U1/V1 * besselk(m,W1)/sqrt(besselk(m + 1,W1) * besselk(m + 1,W1)) * sqrt(4 * z0/n_clad/pi/r01
_core^2);                                         %求解1号光纤的 A
%求1号单模光纤中的横向场分量 Ey1
Ey01 = @(r,theta) A1 * cos(m * theta). * besselj(m,U1 * r/r01_core)./besselj(m,U1);
Ey02 = @(r,theta) A1 * cos(m * theta). * besselk(m,W1 * r/r01_core)./besselk(m,W1);

%定义2号光纤的参数
r02_core = input('输入2号光纤的纤芯半径(单位为 μm) = ') * 1e - 06; %定义2号光纤纤芯半径
r02_clad = 3 * r02_core;                          %定义2号光纤的包层半径
nc02 = input('输入2号光纤的纤芯折射率 = '); %定义2号光纤的纤芯折射率
delta2 = (nc02 - n_clad)/nc02;                    %相对折射率差
V2 = nc02 * k0 * r02_core * sqrt(2 * delta2);     %归一化频率
while V2>2.40483,disp('2号光纤不是单模光纤,请重新输入');%判断2号光纤是否满足单模条件
r02_core = input('输入2号光纤的纤芯半径(单位为 μm) = ') * 1e - 06; %定义2号光纤纤芯半径
r02_clad = 3 * r02_core;                          %定义2号光纤的包层半径
nc02 = input('输入2号光纤的纤芯折射率 = '); %定义2号光纤的纤芯折射率
delta2 = (nc02 - n_clad)/nc02;                    %相对折射率差
V2 = nc02 * k0 * r02_core * sqrt(2 * delta2);     %归一化频率
```

```
     end;
     disp('2 号光纤是单模光纤,输入正确')
     disp(' 开始计算,输出仿真图')
     % 由特征方程求 2 号光纤的归一化径向相位常数和归一化径向衰减常数
     fun2 = @(U2) U2. * besselj(m + 1,U2)/besselj(m,U2) - sqrt(V2^2 - U2^2). * besselk(m + 1,sqrt(V2^2
- U2^2)))./besselk(m,sqrt(V2^2 - U2^2));
     U2 = fzero(fun2,1);                          % 求解归一化径向相位常数 U
     W2 = sqrt(V2^2 - U2^2);                      % 求解归一化径向衰减常数 W
     beta02 = sqrt(nc02^2 * k0^2 - (U2/r02_core)^2); % 求解 2 号光纤的传播常数 beta
     A2 = U2/V2 * besselk(m,W2)/sqrt(besselk(m + 1,W2) * besselk(m + 1,W2)) * sqrt(4 * z0/n_clad/pi/r02
_core^2);
                                                  % 求解 2 号光纤的 A
     % 求 2 号单模光纤中的横向场分量 Ey2
     Ey11 = @(r,theta) A2 * cos(m * theta). * besselj(m,U2 * r/r02_core)./besselj(m,U2);
     Ey12 = @(r,theta) A2 * cos(m * theta). * besselk(m,W2 * r/r02_core)./besselk(m,W2);


     d = r01_clad + r02_clad;
     delta_beta = beta01 - beta02;               % 定义失配相位常数
     F = @(r,theta)conj(Ey01(r,theta)). * Ey12(sqrt(d^2 + r.^2 - 2 * d * r. * cos(theta)),theta) *
(nc01^2 - n_clad^2). * r * omega * eption_0/4;
     K12 = dblquad(F,0,r01_core,0,2 * pi);       % 求解耦合系数 K12
     K21 = conj(K12);                            % 求解耦合系数 K21


     % 求耦合光纤中的功率密度
     c2 = ((delta_beta + sqrt(delta_beta^2 + 4 * abs(K21)^2)) * a1_0 + 2 * K12 * a2_0)/(2 * sqrt(delta_
beta^2 + 4 * abs(K21)^2));
     c1 = a1_0 - c2;
     % 求解 1 号光纤中的耦合计算
     r_core1 = linspace( - r01_core,r01_core,400); % rz 平面上纤芯内某点的纵坐标
     z1 = linspace(0,4,1000);                    % 耦合距离
     [Z1,R_core1] = meshgrid(z1,r_core1);
     theta0 = 0;                                 % 沿零度方位角取光纤的轴向剖面(rz 平面)
     r_clad1 = linspace(r01_core,(d + r02_clad),500); % rz 包层内某点的纵坐标
     [Z11,R_clad1] = meshgrid(z1,r_clad1);
     a1 = c1 * exp(i * (delta_beta + sqrt(delta_beta^2 + 4 * abs(K21)^2))/2 * z1) + c2 * exp(i * (delta_be-
ta - sqrt(delta_beta^2 + 4 * abs(K21)^2))/2 * z1);   % 求解 1 号光纤中场振幅
     Sz_core1 = A1^2/2/z0 * (cos(m * theta0))^2 * nc01. * (besselj(m,U1 * abs(r_core1)'/r01_core)./bes-
selj(m,U1)).^2 * abs(a1).^2;                    % 求解纤芯功率密度
     Sz_clad1 = A1^2/2/z0 * (cos(m * theta0))^2 * n_clad. * (besselk(m,W1 * r_clad1'/r01_core)/besselk
(m,W1)).^2 * abs(a1).^2;                        % 求解包层功率密度


     % 求解 2 号光纤中的耦合计算
     r_core2 = linspace(d - r02_core,d + r02_core,500);  % rz 平面上纤芯内某点的纵坐标
     z2 = linspace(0,4,1000);                    % 耦合距离
     [Z2,R_core2] = meshgrid(z2,r_core2);
     r_clad2 = linspace(0,d - r02_core,500);
     [Z22,R_clad2] = meshgrid(z2,r_clad2);
     a2 = - (c1 * (delta_beta + sqrt(delta_beta^2 + 4 * abs(K21)^2))/2 * exp(i * ( - delta_beta + sqrt
(delta_beta^2 + 4 * abs(K21)^2))/2 * z2) + c2 * (delta_beta - sqrt(delta_beta^2 + 4 * abs(K21)^2))/2 * exp
( - i * (delta_beta + sqrt(delta_beta^2 + 4 * abs(K21)^2))/2 * z2))/K12;   % 求解 2 号光纤中场振幅
     Sz_core2 = A2^2/2/z0 * (cos(m * theta0))^2 * nc02. * (besselj(m,U2 * abs(r_core2 - d)'/r02_core)./
besselj(m,U2)).^2 * abs(a2).^2;                 % 求解 2 号光纤纤芯功率密度
     Sz_clad2 = A2^2/2/z0 * (cos(m * theta0))^2 * n_clad. * (besselk(m,W2 * (d - r_clad2)'/r02_core)/
besselk(m,W2)).^2 * abs(a2).^2;                 % 求解 2 号光纤包层功率密度
     % 耦合功率密度绘图
```

```
cmap = [linspace(1,0,256);linspace(1,0,256);zeros(1,256)]';
colormap(cmap);
subplot(1,1,1);
surf(Z1,R_core1,Sz_core1),view(-10,60);
hold on;
surf(Z11,R_clad1,Sz_clad1),view(-10,60);
subplot(1,1,1);
surf(Z2,R_core2,Sz_core2),view(-10,60);
hold on;
surf(Z22,R_clad2,Sz_clad2),view(-10,60);
shading flat;colorbar;axis tight;
xlabel('耦合距离 z(m)');
ylabel('r','Fontsize',13,'FontName','Times');
title('1 号和 2 号光纤的耦合功率密度分布 ');

%绘制耦合光纤功率密度对比图
figure
cmap = [linspace(1,0,256);linspace(1,0,256);zeros(1,256)]';
colormap(cmap);
subplot(2,1,2);
mesh(Z1,R_core1,Sz_core1),view(0,0);
hold on;
mesh(Z11,R_clad1,Sz_clad1);
shading flat;colorbar;axis tight;
xlabel('耦合距离 z(m)');
ylabel('r','Fontsize',13,'Fontname','Times');
title('1 号光纤的耦合功率密度分布');
subplot(2,1,1);
mesh(Z2,R_core2,Sz_core2);
hold on;
mesh(Z22,R_clad2,Sz_clad2),view(0,0);
shading flat;colorbar;axis tight;
xlabel('耦合距离 z(m)');
ylabel('r','Fontsize',13,'FontName','Times');
title('2 号光纤的耦合功率密度分布 ');

%绘制耦合效率曲线图
figure
Pout_1 = abs(a1).^2;
Pout_2 = abs(a2).^2;
enta = Pout_2;
subplot(3,1,1);
plot(z1,Pout_1);
xlabel('耦合距离 z(m)');ylabel('直通臂功率 Pout_1');
subplot(3,1,2);
plot(z1,Pout_2);
xlabel('耦合距离 z(m)');ylabel('耦合臂功率 Pout_2');
subplot(3,1,3);
plot(z1,enta);
xlabel('耦合距离 z(m)');ylabel('耦合效率 ');
title('耦合效率——耦合距离曲线图 ');
```

仿真结果如下:

(1) 失配相位常数为 0 时的耦合情况

输入参数,1 号光纤的纤芯半径为 4.8 $\mu$m,2 号光纤的纤芯半径 4.8 $\mu$m,1 号光纤和 2 号光纤的纤芯折射率为 1.5,经过计算得到失配相位常数 $\Delta\beta=\beta_1-\beta_2=0$。

图 6 - 26 所示为是经程序得到的 1 号光纤和 2 号光纤的耦合功率密度分布三维图,图 6 - 27 所示为 1 号光纤和 2 号光纤的耦合功率密度分布随耦合距离变化图。由图 6 - 27 可以看出,在没有损耗的情况下,两根光纤的功率密度随传播距离交替变化。当 1 号光纤在 $z$ 轴上的 0.440 4,1.317 3,1.198 1 及 3.075 1 处时,1 号光纤中的能量几乎全部耦合到 2 号光纤中,故而这些点到入射端的距离均为耦合比最大时的耦合距离。这个结论从耦合效率-耦合距离曲线(见图 6 - 28)中可以更清晰的获得。

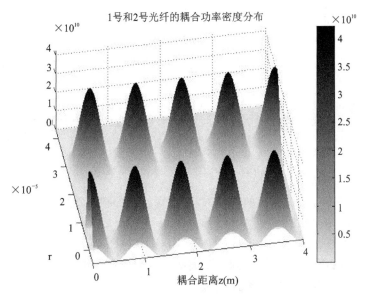

图 6 - 26　1 号光纤和 2 号光纤的耦合功率密度分布三维图

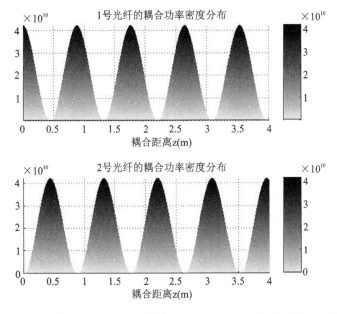

图 6 - 27　1 号光纤和 2 号光纤的耦合功率密度分布随耦合距离变化图

由图 6 - 28 可知,两根光纤的耦合效率在上述耦合长度处约为 1,1 号光纤中的能量几乎

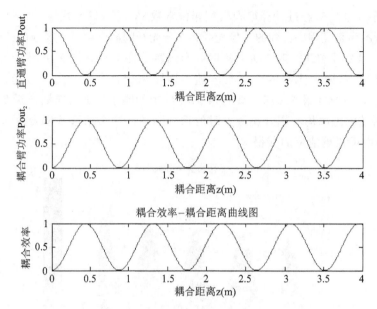

图 6-28　耦合效率-耦合距离曲线图

全部耦合到 2 号光纤中。通过相同的仿真方法,在保持失配相位常数为零的情况下,耦合效率不随参数的变化而改变,始终为 1。

固定 2 号光纤的参数,改变 1 号光纤的纤芯半径,获得图 6-29 所示的不同纤芯半径下耦合效率-耦合距离的图像。可以看出,耦合距离随着纤芯半径的减小也减小,即耦合达到最大值的距离随着光纤的纤芯半径的减小而缩短。

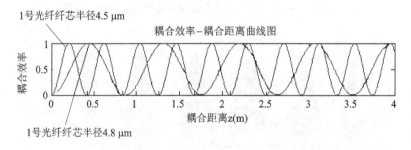

图 6-29　耦合距离随纤芯半径变化曲线图

(2) 失配相位常数不为 0 时的耦合情况

输入参数,1 号光纤的纤芯半径为 $4.8\ \mu m$,2 号光纤的纤芯半径 $4.5\ \mu m$,1 号光纤和 2 号光纤的纤芯折射率为 1.5,失配相位常数 $\Delta\beta=\beta_1-\beta_2=738.365\ 2$。仿真输出 1 号光纤和 2 号光纤的耦合功率密度分布随轴向变化比较图(见图 6-30)与耦合效率-耦合距离曲线图(见图 6-31)。

由图 6-30 和图 6-31 可以看出,失配相位常数不为零时,耦合效率极低,只有 $10^{-3}$ 个数量级,即不到 0.1%。光信号基本在直通臂中传输,在耦合臂中的耦合能量非常少。

(3) 失配相位常数与耦合效率之间的关系曲线

通过输入不同的光纤参数可以获得不同的 $\Delta\beta$-耦合效率的对应数值,数据如表 6-1 所列。

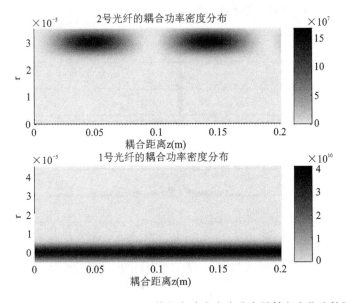

**图 6 - 30　1 号光纤和 2 号光纤的耦合功率密度分布随轴向变化比较图**

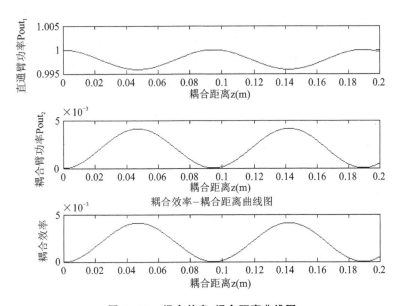

**图 6 - 31　耦合效率 - 耦合距离曲线图**

**表 6 - 1　$\Delta\beta$ - 耦合效率的对应数据表**

| $\Delta\beta$ | -304.554 | -104.682 | -16.991 6 | -8.592 8 | -5.523 4 | -4.328 5 |
|---|---|---|---|---|---|---|
| 耦合效率 | 2.72E-04 | 0.001 3 | 0.035 | 0.152 9 | 0.338 2 | 0.467 3 |
| $\Delta\beta$ | -2.183 5 | -1.938 5 | 0 | 1.976 3 | 2.195 9 | 3.294 1 |
| 耦合效率 | 0.725 8 | 0.872 4 | 1 | 0.826 1 | 0.793 8 | 0.631 5 |
| $\Delta\beta$ | 5.589 9 | 8.788 | 10.986 8 | 21.991 6 | 110.682 1 | 223.191 |
| 耦合效率 | 0.300 9 | 0.195 5 | 0.135 | 0.038 1 | 0.001 8 | 4.35E-04 |

绘制上述数据的曲线图,如图 6 - 32 所示。其中,横坐标为 $\Delta\beta$,纵坐标为耦合效率。由

**165**

图 6 - 32 可以看出,当 $\Delta\beta=0$ 时,耦合效率最大。

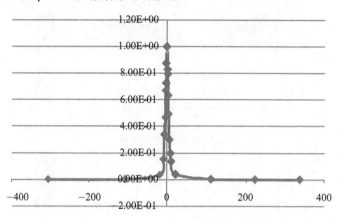

图 6 - 32　$\Delta\beta$ - 耦合效率曲线图

# 参考文献

[1] 刘德明.光纤光学[M].北京:科学出版社,2008.

[2] 石顺祥.光纤技术及应用[M].武汉:华中科技大学出版社,2009.

[3] 苗键宇.新型 2×2 光纤定向耦合器的研究[J].甘肃科技,2005,211(08):74-76.

[4] 薛定宇,陈阳泉.高等应用数学问题的 MATLAB 求解[M].北京:清华大学出版社,2012.

# 6.5　基于 MATLAB 的光学图像加密/解密技术的研究

## 6.5.1　设计目的

➢ 了解当今互联网图像传输的安全问题;

➢ 掌握 MATLAB 的光学图像加密/解密技术的基本原理和方法。

## 6.5.2　设计任务及要求

借助 MATLAB,利用常用的几种加密解密算法,如随机打乱图像各层的行或列,像素点随机打乱,RGB 矩阵进行转置、水平翻转、垂直翻转变换等实现对光学图像进行加密/解密仿真。

## 6.5.3　设计原理概述

随着社会科学的进步及计算机技术的迅猛发展,以及网络普及率的增加,越来越多的数字信息得以在网络上传输,并逐步成为人们获取信息的主要途径。然而,如果这些数字信息是未经创作者授权的,那么传播这些信息的行为就会对原创作者的权益造成严重侵害。因此如何对网上传输的图文进行有效的保护已经成为一个迫在眉睫的问题。

由于在庞大的数字网络中,以数字化形式存在于网络上的文字及图像可以快捷地被复制、修改、删除和添加,从而导致一些恶意破坏,因此对图像的安全保密有更高的要求。数字图像加密源于早期的经典加密理论,其目的是将一幅给定的图像按一定的变换规则在空间域和频域将其变换为一幅杂乱无章的图像,从而隐藏图像本身的真实信息进而保护了原创者的利益。

MATLAB 里的 imread 函数可用于读取图片文件中的数据。读进去的数据为一个三层的矩阵,矩阵的行或列表示图像每一个像素点的位置。矩阵的第一层、第二层、第三层分别代表红、绿、蓝三种像素(RGB 色域)。对此,可设计以下几种加密方法:① 随机打乱各层的行或列。② 随机打乱像素点。③ 缩放像素点 RGB 值。④ RGB 矩阵的转置、水平翻转、垂直翻转。⑤ 图像的一维、二维数据重置。

**1. 随机打乱各层的行或列**

打乱矩阵行或列的方法运算步骤少、运算速度快,可对较大图像文件进行加密,缺点是对于一些特殊的图像无法进行加密。下面以随机打乱行为例介绍加密/解密方法。

用 imread 函数将图像读入矩阵 RGB 中,假设 RGB 是一个 $m$ 行 $n$ 列 3 层的矩阵。randsample 函数可产生随机向量,用此函数产生一个与图像矩阵 RGB 的行数 $m$ 相等的整数随机数列并返回到向量 $r$ 中。这样就可以将原图像矩阵的行随机打乱,将打乱后的矩阵返回至 RGBS 中,用 find 函数找出向量 $r$ 内从 1 到 $m$ 的元素的位置并返回到向量 $f$,至此就可以将打乱的图像还原。

**2. 像素点随机打乱**

像素是图像元素的简称,又称画素。像素是指基本原色素及其灰度的基本编码,为图像显示的基本单位。每个像素都有各自的颜色值,可采三原色显示,因而又分成红、绿、蓝三种子像素,或者青、品红、黄和黑。像素点随机打乱算法即将图像文件的每一个像素点随机打乱。这种算法的加密效果非常好,加密用的随机数列更提高了这种算法的加密性,但是由于真彩图像的矩阵元素非常多,这种加密算法运算速度较慢。

用 imread 函数将图像读入矩阵 RGB 中,假设 RGB 是一个 $m$ 行 $n$ 列 3 层的矩阵。randsample 函数可产生随机向量,用此函数产生一个值为从 1 到 $m \times n \times 3$ 的行向量并返回到 $r$ 中。这样就可以将原图像矩阵的所有像素点随机打乱,将打乱后的矩阵返回至 RGBS 中,再用 reshape 函数将 RGBS 中的所有元素重置为新的 $m \times n \times 3$ 的矩阵并返回到 RGBSS 中。用 find 函数找出向量 $r$ 内从 1 到 $m$ 的元素的位置并返回到向量 $f$。至此就可以将打乱的图像还原。

**3. 像素点 RGB 值的缩放**

每个像素都有各自的颜色值,若对其颜色值按一定倍数缩放,覆盖其原数值,就得到与原图像不同的图像,起到了加密的作用。这种加密方法的加密效果随倍数的增加而更好,但由于过于简单,易被解密。

用 imread 函数将图像读入矩阵 RGB 中,假设 RGB 是一个 $m$ 行 $n$ 列 3 层的矩阵。rand 函数产生一个 $m$ 行 $n$ 列 3 层的由随机数组成的矩阵,并返回到 $r$ 中,在返回时可以再乘一个系数改变其缩放倍数。用矩阵的点运算,通过点乘、点除,可得到加密/解密图像。

**4. RGB 矩阵的转置、水平翻转、垂直翻转**

RGB 矩阵的转置、水平翻转、垂直翻转算法原理简单,编程易实现,加密效果较好,但是解密过程简便,易破解。

用 imread 函数将图像读入矩阵 RGB 中,假设 RGB 是一个 $m$ 行 $n$ 列 3 层的矩阵。将获得的矩阵大小存入变量,并把矩阵划分成等大的 $i \times i$($i$ 是任意常数)子矩阵,分别对存储图像

RGB 信息的矩阵进行转置、水平翻转、垂直翻转等变换,完成图像的加密过程。显然,逆推上述过程,就可以完成图像的解密。

**5. 图像的一维、二维数据重置**

图像的一维重置是一种简单的图像加密技术,通过把原图像变换成一维形式,然后对其一维形式的排列进行逆置乱来起到加密作用。图像的二维数据置乱是引入置乱随机矩阵,再进行加权求和的过程。这种加密方式运算步骤少,运算速度快。

# 6.5.4 设计实现

**1. 随机打乱各层的行**

【例6-5-1】随机打乱各层的行对一张图像进行加密和解密。

MATLAB 程序如下:

```
clear
RGB = imread('E:\tu6 - 5 - 1.png');        %读取原图像
s = size(RGB);
r = randsample(s(1),s(1));                  %产生一个与图像 RGB 的行数相等的随机数列
l = length(r);
RGBS = RGB(r,:,:);
t = 1;j = 1;f = 1:r;
for t = 1:l
    f(j) = find(r = = t);
    t = t + 1;
    j = j + 1;
end
f;
RGBE = RGBS(f,:,:);
imshow(RGB);
title('原图');
figure;
subplot(1,2,1);imshow(RGBS);
title('加密图像');
subplot(1,2,2);imshow(RGBE);
title('解密图像');
```

运行结果如下:原图像经过对矩阵行打乱得到加密图像,加密图像经过对矩阵的行进行逆变换,即可得到解密图像,如图6-33所示。

原图　　　　　　　　　加密图像　　　　　　　　解密图像

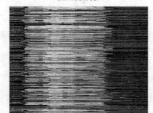

(a) 原图像　　　　　　(b) 加密图像　　　　　　(c) 解密图像

**图6-33　随机打乱各层的行对图像进行加密和解密**

**2. 随机打乱各层的列**

【例 6-5-2】随机打乱各层的列对一张图像进行加密和解密。

MATLAB 程序如下:

```
clear
RGB = imread('E:\2.png');
s = size(RGB);
i = randsample(s(2),s(2));
l = length(i);
RGBS = RGB(:,i,:);
t = 1;j = 1;f = 1:i;
for  t = 1:l
    f(j) = find(i = = t);
    t = t + 1;
    j = j + 1;
end
f;
RGBE = RGBS(:,f,:);
imshow(RGB);title('原图');
figure;
subplot(1,2,1);imshow(RGBS);
title('加密图像');
subplot(1,2,2);imshow(RGBE);
title('解密图像');
```

运行结果如下:原图像经过对矩阵列打乱得到加密图像,加密图像经过对矩阵的列进行逆变换,即可得到解密图像,如图 6-34 所示。

原图 加密图像 解密图像

 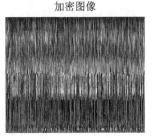 

(a) 原图 (b) 加密图像 (c) 解密图像

**图 6-34  随机打乱各层的列对图像进行加密和解密**

**3. 随机打乱各层的行、列**

【例 6-5-3】随机打乱各层的行和列对一张图像进行加密和解密。

MATLAB 程序如下:

```
clear
RGB = imread('E:\3.png');
s = size(RGB);
i = randsample(s(1),s(1));
l = length(i);
RGBS = RGB(i,:,:);
t = 1;j = 1;f = 1:i;
```

若您对此书内容有任何疑问,可以登录MATLAB中文论坛与同行们交流。

```
for  t1 = 1:l
    f(j) = find(i = = t);
    t = t + 1;
    j = j + 1;
end
i1 = randsample(s(2),s(2));
l1 = length(i1);
RGBS1 = RGBS(:,i1,:);
t1 = 1;j1 = 1;f1 = 1:i1;
for  t1 = 1:l1
    f1(j1) = find(i1 = = t1);
    t1 = t1 + 1;
    j1 = j1 + 1;
end
RGBE1 = RGBS1(:,f1,:);
RGBE = RGBE1(f,:,:);
imshow(RGB);
title('原图');
figure;
subplot(1,2,1);imshow(RGBS1);
title('加密图像');
subplot(1,2,2);imshow(RGBE);
title('解密图像');
```

运行结果如下:原图像由 MATLAB 经过对矩阵行、列打乱得到加密图像,加密图像经过对矩阵的行、列进行还原,即可得到解密图像,如图 6 - 35 所示。

原图 加密图像 解密图像

 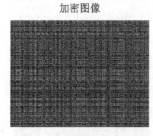 

(a) 原图像      (b) 加密图像      (c) 解密图像

**图 6 - 35　随机打乱各层的行和列对图像进行加密和解密**

#### 4. 特殊情况

当图像呈水平或者竖直条纹带状时,用随机打乱矩阵行、列来加密图像的方法已经失效,因为当随机打乱各层的行或者列时,各行或各列的灰度分布或像素分布一样,加密图像与原图像一致,而起不到加密的效果。

【例 6 - 5 - 4】随机打乱各层的列对图像进行加密和解密。

程序参照【例 6 - 5 - 2】。

运行结果如图 6 - 36 所示。

#### 5. 像素点随机打乱

【例 6 - 5 - 5】随机打乱像素点对一张图像进行加密和解密。

MATLAB程序如下:

(a) 加密图像　　　　　　　　　　(b) 解密图像

图 6 - 36　随机打乱各层的列对特殊图像进行加密和解密

```
clear
RGB = imread('e:\4.png');
s = size(RGB);
n = s(1) * s(2) * s(3);
r = randsample(n,n);
l = length(r);
RGBS = RGB(r);
RGBSS = reshape(RGBS,s(1),s(2),s(3));
t = 1;j = 1;f = 1:n;
for t = 1:l
        f(j) = find(r = = t);
        t = t + 1;
        j = j + 1;
end
RGBE = RGBS(f);
RGBEE = reshape(RGBE,s(1),s(2),s(3));
imshow(RGB);
title('原图');
figure;
subplot(1,2,1);imshow(RGBSS);title('加密图像');
subplot(1,2,2);imshow(RGBEE);title('解密图像');
```

运行结果如下：原图像经过对矩阵元素随机打乱得到加密图像，加密图像经过对矩阵元素进行还原，即可得到解密图像，如图 6 - 37 所示。

原图　　　　　　　　　　加密图像　　　　　　　　　　解密图像

(a) 原图像　　　　　　　(b) 加密图像　　　　　　　(c) 解密图像

图 6 - 37　随机打乱像素点对图像进行加密和解密

### 6. 像素点 RGB 值的缩放

【例 6 - 5 - 6】对一张图的像素点 RGB 值进行缩放对图像进行加密和解密。

MATLAB 程序如下：

```
clear
RGB = imread('e:\5.png');
s = size(RGB);
r = rand(s(1),s(2),s(3))./200;
RGBD = im2double(RGB);
RGBS = RGBD./r;
RGBE = RGBS.* r;
imshow(RGB);
title('原图');
figure;
subplot(1,2,1);imshow(RGBS);title('加密图像');
subplot(1,2,2);imshow(RGBE);title('解密图像');
```

运行结果如下:原图像经过对矩阵进行放缩得到加密图像,加密图像经过对矩阵的反变换,即可得到解密图像,如图 6-38 所示。

图 6-38   对图的像素点 RGB 值进行缩放对图像进行加密和解密

### 7. 矩阵变换

【例 6-5-7】将 RGB 矩阵进行转置、水平翻转、垂直翻转变换对图像进行加密和解密。

MATLAB 程序如下:

```
RGB = imread('E:\6.jpg');
imshow(RGB);
title('原图');
figure;
[l,m,n] = size(RGB);
x = l/16;
y = m/16;
RGB(:,:,1) = flipud(RGB(:,:,1));
RGB(:,:,2) = fliplr(RGB(:,:,2));
RGB(:,:,3) = RGB(:,:,3);
for i = 0:15
    for j = 0:15
RGB((j * x + 1):((j + 1) * x),(i * y + 1):((i + 1) * y),1) = RGB((j * x + 1):((j + 1) * x),(i * y + 1):
((i + 1) * y),1);
    RGB((j * x + 1):((j + 1) * x),(i * y + 1):((i + 1) * y),2) = flipud(RGB((j * x + 1):((j + 1) * x),(i * y
+ 1):((i + 1) * y),2));
    RGB((j * x + 1):((j + 1) * x),(i * y + 1):((i + 1) * y),3) = fliplr(RGB((j * x + 1):((j + 1) * x),(i * y
+ 1):((i + 1) * y),3));
    end
end
subplot(1,2,1);
imshow(RGB);
```

```
title('加密图像');
for i = 0:15
    for j = 0:15
RGB((j * x + 1):((j + 1) * x),(i * y + 1):((i + 1) * y),1) = RGB((j * x + 1):((j + 1) * x),(i * y + 1):
((i + 1) * y),1);
        RGB((j * x + 1):((j + 1) * x),(i * y + 1):((i + 1) * y),2) = flipud(RGB((j * x + 1):((j + 1) * x),(i * y
+ 1):((i + 1) * y),2));
        RGB((j * x + 1):((j + 1) * x),(i * y + 1):((i + 1) * y),3) = fliplr(RGB((j * x + 1):((j + 1) * x),(i * y
+ 1):((i + 1) * y),3));
    end
end
RGB(:,:,1) = flipud(RGB(:,:,1));
RGB(:,:,2) = fliplr(RGB(:,:,2));
RGB(:,:,3) = RGB(:,:,3);
subplot(1,2,2);
imshow(RGB);
title('解密图像');
```

运行结果如下:原图像经过对矩阵变换得到加密图像,加密图像经过对矩阵的逆变换,即可得到解密图像,如图 6 - 39 所示。

原图 加密图像 解密图像

(a) 原图像       (b) 加密图像       (c) 解密图像

图 6 - 39　用矩阵变换对图像进行加密和解密

### 8. 图像一维数据重置

【例 6 - 5 - 8】将图像进行一维数据重置对图像进行加密和解密。

MATLAB 程序如下:

```
clear
G = imread('E:\图片\花图.png');
imshow(G);
title('原图');
figure;
A = G(:);       % 将 G 转换为一维形式
A1 = G(end: - 1:1);   % 将 A 进行逆排列置乱
subplot(1,2,1);
imshow(A1);     % 显示变为一维且置乱后的图像
title('加密图像');
A2 = A1(end: - 1:1);    % 图像还原
A2G = reshape(A2,256,256,3);
subplot(1,2,2);
imshow(A2G);
title('解密图像');
```

运行结果如下:原图像经过对矩阵进行一维数据重置得到加密图像,加密图像经过对矩阵的逆变换,即可得到解密图像,如图 6-40 所示。

原图　　　　　　　　　　加密图像　　　　　　　　　　解密图像

(a) 原始图像　　　　　　　(b) 加密图像　　　　　　　(c) 解密图像

**图 6-40　用一维数据重置对图像进行加密和解密**

### 9. 图像二维数据重置

【例 6-5-9】将图像进行二维数据重置对图像进行加密和解密。

MATLAB 程序如下:

```
clear
G = imread('E:\图片\圆盘花图.png');
imshow(G);
title('原图');
figure;
Gadd = fix(256 * rand(256,256,3));    % 引入的置乱随机矩阵
for i = 1:256
    for j = 1:256
        G1(i,j) = 0.1 * G(i,j) + 0.9 * Gadd(i,j);    % 进行加权求和
end
end
subplot(1,2,1);
imshow(G1);
title('加密图像');
for   i = 1:256
    for j = 1:256
        G2(i,j,:) = (G1(i,j) - 0.9 * Gadd(i,j))./0.1;    % 还原图像
end
end
subplot(1,2,2);
imshow(G2);
title('解密图像');
```

运行结果如下:原图像经过对矩阵进行二维数据重置得到加密图像,加密图像经过对矩阵的逆变换,即可得到解密图像,如图 6-41 所示。

从以上实例仿真结果可知,不同的加密方法适用于不同的场合,而加密算法的不同也使得图像加密效果和运算速度有所不同。随着信息安全与保密技术的发展,图像加密与解密技术越来越受重视,所以完善和改进图像加密算法将是今后要解决的一个重要问题。

| 原图 | 加密图像 | 解密图像 |
| --- | --- | --- |
| (a) 原始图像 | (b) 加密图像 | (c) 解密图像 |

图 6 - 41　用二维数据重置对图像进行加密和解密

# 参考文献

[1] 张博. 基于 MATLAB 的数字图像置乱方法研究[J]. 计算机与数字工程,2010,38
(007):139 - 142.

[2] 杨玉平,陈勇,尹丽花.基于坐标轴的双重置乱数字图像隐藏算法与实现[J].重庆电
子工程职业学院学报，2011,20(3):149-151.

[3] 黄兴,张敏瑞.图像置乱程度的研究[J].武汉大学学报,2008,33(5):465-468.

## 6.6　基于 MATLAB 的相关识别

### 6.6.1　设计目的

➢ 了解当今光学图像识别技术。
➢ 利用 MATLAB 对光学图像识别相关器进行仿真。

### 6.6.2　设计任务及要求

在掌握 Vander Lugt 相关器和联合变换相关器模式识别基本原理的基础上,使用 MAT-
LAB 编程模拟实现光学图像相关器对图像的识别。

### 6.6.3　设计原理概述

光学图像识别技术是一种有较高鉴别率的技术,具有高度并行性、容量大、速度快的特点,
特别适用于信息的快速和实时处理。光学相关是光学模式识别中的一种主要方法。无论是空
间匹配滤波相关或是联合变换相关,都是基于对信息的光学傅里叶变换。现在,人们越来越倾
向于采用光电混合的处理方式实现模式的识别,它由光学相关处理系统和计算机组成。光电
混合模式识别具备光学处理系统的大信息容量和二维并行处理能力的同时,还具备数字处理
系统灵活性好、精度高、便于控制和判断的能力,它已经被广泛应用于导弹和火箭的导航系统。
近年来,光学图像识别技术也广泛应用于一些民用领域,如医学图像处理、安全系统、指纹及容
貌识别、光学特征识别及跟踪等方面,尤其是在车牌识别技术上起着至关重要的作用,因而对
这一技术进行更深一步的研究具有一定的实用意义。

若您对此书内容有任何疑问，可以登录MATLAB中文论坛与同行们交流。

光学图像识别技术有两种重要的实现方法:其一是采用有频域滤波的 Vander Lugt 相关器(VLC)实现;其二是采用联合变换相关器(JTC)实现。这两种方法相同之处是它们都采用了 $4f$ 光学成像系统,如图 6-42 所示。

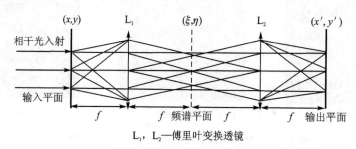

$L_1$,$L_2$—傅里叶变换透镜

**图 6-42 $4f$ 光学成像系统**

### 1. Vander Lugt 相关器原理

Vander Lugt 相关器对图像的识别是在空间滤波的基础上实现的,其方法是在 $4f$ 系统的频率平面上放置一个匹配滤波器,在频率域中对输入信号进行相位补偿,从而在输出平面上产生汇聚的相关光斑。

如果目标图像为 $i(x,y)$,其频谱为 $I(\xi,\eta)=F\{i(x,y)\}$($F\{*\}$ 为傅里叶变换算符),则匹配滤波器为目标图像频谱的复共轭,即 $I^*(\xi,\eta)$。

将待识别的图像 $g(x,y)$ 放置在 $4f$ 系统的输入平面上,将匹配滤波器放置在 $4f$ 系统频谱平面,在单色平行相干光的照明下,经过空间滤波后,频谱平面上的频谱为 $G(\xi,\eta)I^*(\xi,\eta)$,其中,$G(\xi,\eta)$ 为 $g(x,y)$ 的频谱,则在 $4f$ 系统输出平面上能得到的图像为

$$o(x',y')=F^{-1}\{G(\xi,\eta)I^*(\xi,\eta)\}=i(x',y')\bigstar g(x',y') \tag{6-12}$$

其中,$F^{-1}\{*\}$ 为傅里叶逆变换算符,符号 $\bigstar$ 表示相关运算。

$$i(x',y')=F^{-1}\{I(\xi,\eta)\} \tag{6-13}$$

$$g(x',y')=F^{-1}\{G(\xi,\eta)\} \tag{6-14}$$

如果待识别图像中含有目标图像信息,则在输出图像的相应位置会产生相关最强,出现亮斑,否则只出现弥散的光斑。

### 2. 联合变换相关器原理

联合傅里叶变换相关器,简称联合变换相关器,先用平方记录介质,记录联合变换的功率谱,再经过傅里叶逆变换得到其相关输出。在 $4f$ 系统的输入平面对称地放置待识别图像 $A(x,y)$ 和目标图像 $B(x,y)$,形成联合的输入信号 $i(x,y)=A(x-a,y)+B(x+a,y)$,如图 6-43(a)所示,在单色平行光照射下,经过透镜的傅里叶变换作用,在频谱面上形成联合傅里叶谱:

$$I(\xi,\eta)=F\{A(x-a,y)+B(x+a,y)\}=$$
$$A(\xi,\eta)\exp(-j2\pi\xi a)+B(\xi,\eta)\exp(-j2\pi\eta a) \tag{6-15}$$

式中,$A(\xi,\eta)=F\{A(x,y)\}$,$B(\xi,\eta)=F\{B(x,y)\}$,在频谱面上接收联合傅里叶谱,并转化为联合功率谱:

$$|I(\xi,\eta)|^2=|A(\xi,\eta)|^2+|B(\xi,\eta)|^2+A^*(\xi,\eta)B(\xi,\eta)\exp(j4\pi\xi a)+$$
$$A(\xi,\eta)B^*(\xi,\eta)\exp(-j4\pi\eta a) \tag{6-16}$$

联合功率谱经第二块透镜的傅里叶逆变换作用,在输出平面得到相关输出

$$o(x^1,y^1)=F^{-1}\{\mid I(\xi,\eta)\mid^2\}=$$
$$A(x^1,y^1)\bigstar A(x^1,y^1)+B(x^1,y^1)\bigstar A(x^1,y^1)*\delta(x^1+2a,y)+$$
$$A(x^1,y^1)\bigstar B(x^1,y^1)*\delta(x^1-2a,y)+B(x^1,y^1)\bigstar B(x^1,y^1)\quad(6-17)$$

式中,$\delta$ 为狄拉克函数,"$*$"表示卷积运算,$A(x',y')=F^{-1}\{A(\xi,\eta)\}$,$B(x',y')=F^{-1}\{B(\xi,\eta)\}$。输出结果分为三个部分:第一项和第四项分别为识别图的自相关,它们重叠在输出平面的中心,称为 0 级,这不是所需要的信号;第二项和第三项为目标图像和待识别图像的共轭互相关项,分别位于输出平面$(2a,0)$和$(-2a,0)$处,分别称为$\pm1$级,如图 6-43(b)所示。如果待识别图像中含有目标图像信息,则会在$(-2a,0)$和$(2a,0)$附近产生相关的亮斑。

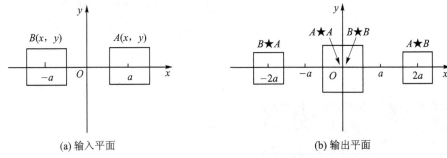

(a) 输入平面　　　　　　　　　　　　(b) 输出平面

**图 6-43　联合变换相关器的输入平面和输出平面**

## 6.6.4　图像相关识别 MATLAB 的仿真实现

本设计用 fft2、ifft2、fftshift 和 ifftshift 这 4 个函数便能够很容易地模拟 $4f$ 光学成像系统的变换作用,并能得到同时含有振幅和位相信息的复矩阵。下面用 MATLAB 分别对前面提到的两种光学相关器进行仿真。

**1. 基于 Vander Lugt 相关器图像识别的仿真**

为了识别一张图里面是否含有所需要检测的元素,只需要单独将这个元素的二值图作为目标图,把它存储在矩阵 $P$ 中,然后再对 $P$ 做傅里叶变换。进行相关识别时,将待识别的二值图读入到矩阵 $I$ 中,对 $I$ 进行傅里叶变换,然后进行空间滤波,即用待识别图的傅里叶变换矩阵点乘目标图像傅里叶变换的复共轭,得到滤波后的频谱,最后对得到的频谱进行傅里叶逆变换得到相关输出矩阵 $C$。

【例 6-6-1】用 Vander Lugt 相关器识别下面图像中是否含有数字 2。

MATLAB 程序如下:

```
P = imread('D:\shuzi.jpg');
imshow(P)
P1 = im2bw(P);
P2 = ～P1;
s = size(P2)
I = imread('D:\2.png');
I1 = im2bw(I);
I2 = ～I1;
C = fftshift(ifft2(fft2(P2). * conj(fft2(I2))));
figure;
imshow(C);
thresh = 170;
figure;
imshow(C>thresh);
```

若您对此书内容有任何疑问,可以登录MATLAB中文论坛与同行们交流。

```
F = conj(C). * C;
figure;
mesh(F);
```

运行结果如图 6-44 所示。

(a) 待识别图

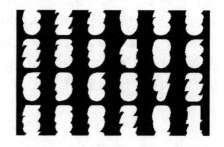

(b) 取门限后的相关输出

(c) 傅里叶变换后的相关输出

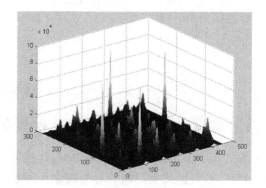

(d) 相关峰值输出

**图 6 - 44　Vander Lugt 相关器对图像的识别**

为了使输出图像的灰度值适合人眼观察,通过检查相关输出矩阵 **C** 的最大值,确定一个合适的阈值(这里 170 比较合适),显示亮度大于该阈值的点,也就是与模板的匹配程度最高的位置,如图 6 - 44(c)所示。对照图 6 - 44(a)和图 6 - 44(c)就可以明显看出 2 被定位了(亮度最高的点即是 2 所在的位置)。对比相关峰的位置也可以看出,含有特征信号的位置出现了明显的亮斑,与特征信号相似的位置有模糊的光斑,与特征信号不相似的位置就没有相关的峰值出现。对应的位置也没有光斑出现。

**2. 基于联合变换相关器图像识别的仿真**

根据联合变换器的原理,可以将 $256 \times 256$ 的目标图 A 和 $256 \times 256$ 的待识别图 B 通过编写程序,对矩阵的元进行操作,把它们对称地放到输入平面上,形成联合输入图像 AB。为了得到其联合功率谱,将 **AB** 矩阵进行傅里叶变换得到其频谱 $F$,再用 $F$ 乘上它的复共轭便得到联合功率谱,通过对联合功率谱的傅里叶逆变换,就能得到相关输出矩阵 **G**。

【例 6 - 6 - 2】用联合变换相关器识别待识别图像(见图 6 - 45(a))中是否含有数字 7。

MATLAB 程序如下:

```
Q = zeros(256,256);
A = imread('E:\A.png');
imshow(A)
A1 = im2bw(A);
```

```
A2 = ~A1;
A3 = [0 0 0 0;0 0 A2 0;0 0 0 0]
F1 = fft2(A3);
P1 = F1. * conj(F1);
s = size(A2)
B = imread('E:\B.png');
figure;
imshow(B)
B1 = im2bw(B);
B2 = ~B1;
B3 = [0 0 0 0;0 B2 0 0;0 0 0 0]
F2 = fft2(B3);
P2 = F2. * conj(F2);
AB = [0 0 0 0;0 A2 B2 0;0 0 0 0];
figure;
imshow(AB);
F3 = fft2(AB);
P3 = F3. * conj(F3);
G = ifftshift(ifft2(P3));
G1 = ifftshift(ifft2(P3 - P1 - P2));
figure;imshow(G>150);
figure;imshow(G1>150);
figure;mesh(G);
figure;mesh(G1);
```

运行结果如图 6 - 45 所示。

$$2 \quad 6 \quad 7$$
$$8 \quad 7 \quad 0 \qquad\qquad 7$$
$$6 \quad 7 \quad 9$$

　　　　(a) 待识别图　　　　　　　　(b)目标图

(c) 联合输入图像　　　　　　(d) 相关输出　　　　　　(e) 消除零级的相关输出

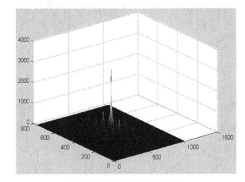

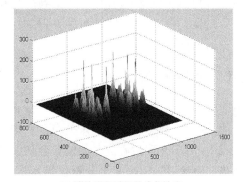

(f) 消除零级前相关峰值输出　　　　　(g) 消除零级后相关峰值输出

**图 6 - 45　联合变换相关器图像识别**

179

为了使输出图像的灰度值适合人眼观察,仿真过程中,对灰度值进行了阈值处理,以使其更利于图像识别。在互相关的±1级中,含有目标信息的位置出现了相关亮斑,但与零级的自相关强干扰相比,还是比较弱。从输出的相关峰值也可以看出,虽然目标信息对应的±1级相关峰比较尖锐,但是与0级峰值强干扰相比,其相关峰的最大峰值却非常小。为了得到准确的识别图像,可以采取功率谱相减法在频谱面上对联合功率谱进行处理,来消除零级强干扰。消除零级强干扰后,无论是输出的相关峰值图像还是光斑亮度图像都得到了很大的改善,含有数字7的位子被准确定位了。

Vander Lugt 相关器和联合变换相关器可以比较容易地用 MATLAB 实现对光学图像识别的仿真,而且仿真的结果和实际实验的结果相符合。因此,用 MATLAB 实现对光学图像识别相关器的仿真这一新方法,有助于人们对光学图像识别技术的研究。

## 参考文献

[1] 彭真明,雍杨. 光电图像处理及应用[M]. 成都:电子科技大学出版社,2013.
[2] 林睿,常鸿森,李榕. 光学图像相关器的 MATLAB 仿真[J]. 广州:华南师范大学学报,2004,4:70-72.
[3] 宋菲君,Jutamulia S. 近代光学信息处理[M]. 2 版. 北京:北京大学出版社,2014,6.
[4] 张兆礼,赵春晖,梅晓丹. 现代图像处理技术及 MATLAB 实现[M]. 北京:人民邮电出版社,2001.

## 6.7 MATLAB 在激光光斑测量中的应用

### 6.7.1 设计目的

➢ 了解激光光斑的特性及应用;
➢ 掌握对激光光斑的处理方法。

### 6.7.2 设计任务及要求

在 MATLAB 环境下,首先对采集到的光斑图像进行亮度调节、阈值分割、中值滤波、形态学处理等图像处理,确定出光斑区域并得到边缘点的位置信息,再进行圆拟合进而计算得到光斑中心点的坐标和光斑半径。

### 6.7.3 设计原理概述

由于激光具有良好的单色性和方向性,在非接触的测量中得到广泛的应用。由于激光具有一定的发散性,激光的光斑能量分布不均匀,光斑的形状发生变化,中心位置产生偏差。在测量过程中,由于光斑中心位置的偏差会使测量计算的结果有很大的误差。光斑中心检测在激光扫描三角法、准直仪、光斑分析仪等光学测量、检测手段中是一项关键技术。常用的光斑中心检测算法有均值法、重心法及 Hough 变换法、圆拟合等。本设计拟采用圆拟合对激光光斑进行检测。

**1. 激光光斑图像采集系统的组成**

激光光斑图像采集系统由驱动电路、CCD 图像传感器、输出信号调理电路、A/D 转换和计算机组成。其中,驱动电路由驱动时序产生电路、偏置电压产生电路和驱动器电路组成,为 CCD 图像传感器提供精准的外触发同步脉冲信号;CCD 图像传感器为系统提供原始的图像信息;信号调理电路主要包括滤波电路、放大电路和噪声处理电路,主要用来滤除信号噪声并放大信号。激光光斑图像采集系统组成框图如图 6 - 46 所示。

**图 6 - 46　激光光斑图像采集系统组成框图**

激光光斑图像采集系统主要实现光斑图像的采集和数据转换,当激光器发射的激光照射到靶面上时,通过 CCD 相机获取激光光斑图像,经 A/D 转换后将模拟信号转化为数字信号,最后再将数字信号传到中心计算机进行处理。

**2. 光斑图像的处理**

激光光斑的图像处理系统主要实现图像的预处理和中心位置的计算,并通过 MATLAB 软件对获取的光斑图像进行处理,计算得到光斑中心位置坐标。

(1) 激光光斑图像预处理

激光光斑原始图像中光斑内部光强分布不均匀,且图像偏暗,对比度较差,不利于原始信号特征量的提取,因此必须进行预处理。首先,需要对光斑图像进行亮度调节,并进行去噪预处理。然后对图像进行阈值分割以分开图像和背景,即将灰度图像转化为二值图像,通过中值滤波滤除脉冲干扰及图像扫描噪声。由于二值化后的图像边缘还包含一些较大的噪声,因此需要采用形态学方法去除这些噪声以平滑光斑边缘。最后对图像边缘进行轮廓跟踪和圆拟合。激光光斑图像预处理流程如图 6 - 47 所示。

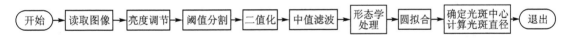

**图 6 - 47　激光光斑图像处理流程图**

1) 亮度调节

由于光斑原始图像往往内部光强分布不均匀,且图像偏暗,对比度较差,这会直接影响图像的后续处理和边缘检测,因此需要对图像进行亮度调节。亮度调节是利用 MATLAB 图像处理工具箱中的 imadjust 函数对灰度图像进行亮度变换。

2) 阈值处理及其二值化

阈值处理是一种区域分割技术,主要利用图像中要提取的目标物体和背景在灰度上的差异,选择一个合适的阈值,通过判断图像中的每一个像素点的特征属性是否满足阈值的要求来确定图像中该像素点属于目标区域还是背景区域,从而产生二值图像。阈值的选取成为是否正确分割的关键,不同的阈值其处理结果差异很大。若阈值选取过高,则过多地把背景像素错分为目标;相反,若阈值选取过低,又会过多地把目标像素错分为背景。在阈值分割得到合适的阈值之后,通过调用 MATLAB 工具箱中的 im2bw 函数可以实现灰度图像与二值图像之间的转换。

3）中值滤波

中值滤波是一种非线性滤波，它能在滤除噪声的同时很好地保持图像边缘，克服平均值滤波所引起的图像细节模糊，对滤除脉冲干扰及图像扫描噪声最有效。中值滤波的原理简单，它把以某像素为中心的小窗口内所有像素的灰度按从小到大排序，取排序结果的中间值作为该像素的灰度值。经过非线性拉伸，背景干扰与其临近像素的灰度值有很大差异，因此经排序后取中值的结果是强迫将此干扰变成与其临近像素的灰度值一样，达到去除干扰的目的。在MATLAB中，可以通过调用图像处理工具箱中的 medfilt2 函数对图像进行中值滤波。

4）形态学处理

数学形态学由一组形态学的代数运算子组成，包括 4 个基本运算：膨胀、腐蚀、开运算和闭运算。由于开运算和闭运算所处理的信息分别与图像的凸、凹处相关，它们本身就是单边算子，可以利用开运算和闭运算去除图像的噪声。本设计中将开运算和闭运算结合起来对光斑进行处理。

（2）激光光斑图像的圆拟合

首先，通过 regionprops 函数找出与所求区域具有相同标准二阶中心矩的椭圆的长轴长度、短轴长度、离心率等，并找出包含所求区域的最小凸多边形的顶点坐标。然后用所求椭圆的长轴长度、短轴长度和离心率确定一个正多边形，使该正多边形具有一个相当大的边数，以至于接近一个圆，这个圆即为所要拟合的圆。

## 6.7.4　设计实现

MATLAB 程序如下：

```
clc;
clear all;
close all;
I = imread('ban.jpg');
figure(1)
subplot(1,3,1)
imshow(I)    % 显示原始光斑
title('原始光斑')
I1 = imadjust(I,[0.2,0.6],[]);
subplot(1,3,2)
imshow(I1)   % 亮度调整后的光斑
title('亮度调整后的图像')
I2 = rgb2gray(I1);   % 转换为灰度光斑
level = graythresh(I2);    % 求分割阈值
I3 = im2bw(I2,level);   % 二值化
subplot(1,3,3)
imshow(I3);    % 显示二值化光斑
title('二值化光斑')
I4 = medfilt2(I3);
figure(2)
subplot(2,2,1)
imshow(I4)   % 中值滤波后的光斑
title('中值滤波后的光斑')
I5 = bwmorph(I4,'open');   % 对二值噪声图像进行二值形态学开运算
subplot(2,2,2)
imshow(I5)   % 显示开运算后的光斑
```

```
title('开运算后的光斑')
I6 = bwmorph(I5,'close');    % 对开运算后的光斑进行形态学闭运算
subplot(2,2,3)
imshow(I6)    % 显示闭运算后的光斑
title('闭运算后的光斑')
L = bwlabel(I6);    % 标注二进制图像中已连接的部分
stats = regionprops(L, {'Area', 'ConvexHull', 'MajorAxisLength', ...'MinorAxisLength', 'Eccentricity',
'Centroid'});
    % 度量图像区域属性,标注矩阵 L 中每一个标注区域的一系列属性。L 中不同的正整数元素对应不同的区域
A = [ ];
for i = 1:length(stats)
A = [A stats(i).Area];    % 计算出在图像各个区域中像素总个数
end
[mA,ind] = max(A);
I7 = I6;
I7(find(L~ = ind)) = 0;
subplot(2,2,4)
imshow(I7);    % 显示经过处理后的光斑
hold on;
temp = stats(ind).ConvexHull;    % 'ConvexHull' 矩阵包含某区域的最小凸多边形。此矩阵的每一行
                                 % 存储此多边形一个顶点的 xy 坐标
t = linspace(0, 2 * pi,1000);
c1 = stats(ind).Centroid;        % 给出每个区域的质心
a1 = stats(ind).MajorAxisLength; % 椭圆的长轴长度
b1 = stats(ind).MinorAxisLength; % 椭圆的短轴长度
d1 = stats(ind).Eccentricity;    % 椭圆的离心率
x1 = c1(1) + d1 * b1 * cos(t);
y1 = c1(2) + d1 * a1 * sin(t);
m = plot(x1, y1, 'r-');    % 绘制拟合圆
title('拟合圆')
x2 = x1(1,1);
y2 = y1(1,1);
x3 = x1(1,30);
y3 = y1(1,30);
x4 = x1(1,80);
y4 = y1(1,80);
a = 2 * (x3 - x2);
b = 2 * (y3 - y2);
n = (x3 * x3 + y3 * y3 - x2 * x2 - y2 * y2);
d = 2 * (x4 - x3);
e = 2 * (y4 - y3);
f = (x4 * x4 + y4 * y4 - x3 * x3 - y3 * y3);
x0 = (b * f - e * n)/(b * d - e * a + eps)    % 求圆心 x 坐标
y0 = (d * n - a * f)/(b * d - e * a + eps)    % 求圆心 y 坐标
r0 = sqrt((x0 - x2) * (x0 - x2) + (y0 - y2) * (y0 - y2))    % 求半径
```

　　运行结果如下:运行上述程序,得到圆心坐标为:$x0 = 353.016\,1$,$y0 = 406.734\,3$,半径为: $r0 = 85.376\,0$,图像结果如图 6 - 48 所示。

　　利用 CCD 图像传感器获取到激光光束的光斑图像,通过对原始图像进行亮度调节、阈值分割、二值化、中值滤波、形态学处理以及边缘检测等预处理,再通过轮廓跟踪和圆拟合等图像处理后得到激光光斑的中心位置坐标和直径大小。整个算法均在 MATLAB 环境中进行了仿真,仿真结果表明该方法能有效、快速地获得激光光斑中心位置点的坐标和直径大小。

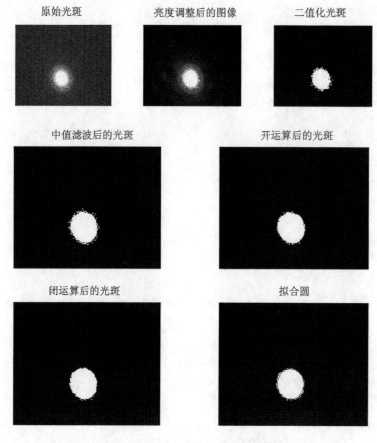

图 6-48 激光光斑图像处理结果

# 参考文献

[1] 马时亮,马群,史国清,等.基于 MATLAB 的激光光斑图像处理算法[J].工具技术, 2011,45(8):88-90.

[2] 朱晖,禹精达,王新玲,等.光斑中心位置方法的研究[J].山西电子技术,2011,8: 92-93.

[3] 徐亚明,邢诚,刘冠兰,等.几种激光光斑中心检法的比较[J].海洋测绘,2007,27(2): 74-76.

[4] 王芳荣,赵丁选,廖宗建,等.激光光斑中心空间方法的研究[J].激光技术,2005.26 (7):22-26.

# 6.8 基于 MATLAB 的激光束合成

## 6.8.1 设计目的

➢ 了解如何在提高总激光功率的情况下保证良好的光束质量的方法；

> ➤ 掌握基于 MATLAB 的激光束合成方面的基本原理和方法。

## 6.8.2　设计任务及要求

利用 MATLAB 编程实现在改变出射孔半径 $b$、各孔之间距离 $a$、出射孔与接收屏间距 $d$ 的情况下,依据斯特列尔比来判断合束效果的好坏,分析所得数据,找到最优化参数。

## 6.8.3　设计原理概述

近年来,大功率激光器在激光切割、激光焊接和激光武器等领域里得到了广泛的应用,因此,研制大功率、高质量的激光器越来越受到各国政府的重视。目前,化学激光器、固体激光器和光纤激光器作为高能激光器的实现途径都已经取得了一定的研究成果。相比于其他高功率激光器,双包层光纤激光器在体积、效率、重量、亮度和照射面积等方面均有显著的优势,但高功率密度导致的对纤芯及端面的光学损伤和热损伤以及光学非线性效应却是光纤激光器向高功率方向发展的难题。

为了在提高总的激光功率的同时,保持光纤激光良好的光束质量,人们提出了高功率光纤激光的相干组束技术。目前,合成的方法主要分为相干合成和非相干合成。非相干合成指多束非相干光在近场或远场叠加,理想情况下合成的光束峰值功率是单束光峰值功率的 $n$ 倍。相干合成是指多束相干光在远场或近场的叠加,在理想的情况下,合成的光束峰值功率是单个光束峰值功率的 $n$ 的平方倍。它的基本思路是将多束激光束经相干控制后合成一束光,从而由许多中等功率的激光获得高功率的单束激光,同时保持良好的光束质量。目前,高功率光纤激光的相干合成技术已经成为国际上的研究热点。

图 6-49 所示是三束经过准直后的激光束,设三个出射孔半径为 $b$(mm),各个孔之间的距离为 $a$(mm),出射孔与接收屏的间距为 $d$(m)。首先,根据夫琅禾费衍射求得屏上辐照度分布;然后,利用 MATLAB 中的二维矩阵计算屏上各个点的辐照度值,并画出辐照度分布;最后,为对辐照度的 $L$ 矩阵进行计算,计算主瓣所占比例,通过分析得到 $L$ 矩阵中中心点的值是最大的,而且也是主瓣

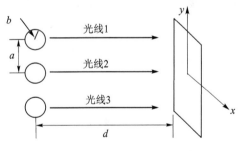

图 6-49　激光合束实验系统

的峰值所在的点,而主瓣的其他点呈递减规律,从中心点往旁边散开。而本设计正是利用这个递减规律,从中心点开始把每个点的值相加,向旁边的点推进,一直到这些点的值由递减转变为递增,这样就把主瓣的大小求出来了,然后把整个点的总和求出来,相除即得出主瓣所占的比例。

## 6.8.4　设计实现

MATLAB 程序如下:

```
function tri
disp(['出射点之间距离','    出射激光半径','    出射激光与接收屏的距离','    主瓣所占比例',
'    主瓣面积','    峰值为']);
c = 1.06;
% for a = 3.2:2:10;
```

```
% for b = 0.8:0.8:3.2;
a = 3.2;
b = 3.2;
d = 50;
x = − 100.01:0.1:100;
y = − 100.01:0.1:100;
Z = 1001;
y1 = 2 * pi * a/(c * d);
y2 = 2 * pi * b/(c * d);
[X,Y] = meshgrid(x,y);
y3 = sqrt(X.^2 + Y.^2);
L = ((1 + 2 * cos(y1. * X)).^2). * ((besselj(1,y2 * y3)).^2) * b * b./(y3.^2) * 10000;
plot(X,L);
xlabel('X');ylabel('L');
% plot(Y,L);      % 在绘制图 6 − 53 和图 6 − 54 时将本语句前的"%"去掉
xlabel('Y');ylabel('L');
% mesh(X,Y,L);    % 在绘制图 6 − 50、图 6 − 51 和图 6 − 52 时将本语句前的"%"去掉
xlabel('X');ylabel('Y');zlabel('L');
xlabel('X');ylabel('Y');zlabel('L');

A = L(1001,1001);
f = 1;
for m = 1:1:Z − 1
if L(Z + m − 1,1001)＞L(Z + m,Z)
A = A + L(Z + m,Z) + L(Z − m,Z);
        f = f + 2;
else break;
end
end
for m = 1:1:Z − 1
    if L(Z,Z + m − 1)＞L(Z,Z + m)
        A = A + L(Z,Z + m) + L(Z,Z − m);
        f = f + 2;
        for n = 1:1:Z − 1
            if L(Z + n − 1,Z + m)＞L(Z + n,Z + m)
                A = A + L(Z + n,Z + m) + L(Z − n,Z + m) + L(Z + n,Z − m) + L(Z − n,Z − m);
                f = f + 4;
                else break;
            end
        end
    else break;
    end
end
B = 0;
for m = 1:2 * Z − 1
    for n = 1:2 * Z − 1
        B = B + L(m,n);
    end
end
C = A/B;
f = f * 0.01;
disp([num2str(a),'mm',num2str(b),'mm',num2str(d),'m',num2str(C),num2str(f),'mm2',num2str(L(Z,
Z))]);
```

(1) 首先假设 $d = 50$ m, $a$, $b$ 在一定范围内变化,将不同的数据代入以上程序,运行结果
如下:

| 出射点之间距离 | 出射激光半径 | 出射激光与接收屏的距离 | 主瓣所占比例 | 主瓣面积 | 峰值 |
|---|---|---|---|---|---|
| 3.2mm | 0.8mm | 50m | 0.41149 | 895.51mm2 | 129.5228 |
| 3.2mm | 1.6mm | 50m | 0.7761 | 444.19mm2 | 2072.3614 |
| 5.2mm | 0.8mm | 50m | 0.25476 | 557.73mm2 | 129.5207 |
| 5.2mm | 1.6mm | 50m | 0.48897 | 278.25mm2 | 2072.3288 |
| 5.2mm | 2.4mm | 50m | 0.71383 | 184.67mm2 | 10491.1409 |
| 7.2mm | 0.8mm | 50m | 0.18422 | 412.47mm2 | 129.5177 |
| 7.2mm | 1.6mm | 50m | 0.35536 | 206.15mm2 | 2072.2806 |
| 7.2mm | 2.4mm | 50m | 0.52301 | 137.21mm2 | 10490.8972 |
| 7.2mm | 3.2mm | 50m | 0.68541 | 102.57mm2 | 33156.3114 |
| **7.2mm** | **3.6mm** | **50m** | **0.76392** | **90.99mm2** | **53109.8982** |
| 9.2mm | 0.8mm | 50m | 0.14423 | 315.51mm2 | 129.5137 |
| 9.2mm | 1.6mm | 50m | 0.27883 | 157.79mm2 | 2072.217 |
| 9.2mm | 2.4mm | 50m | 0.41177 | 105.21mm2 | 10490.5748 |
| 9.2mm | 3.2mm | 50m | 0.54216 | 78.81mm2 | 33155.2924 |

加粗的一组数据(倒数第五组)的二维图和三维图如图 6-50 所示。

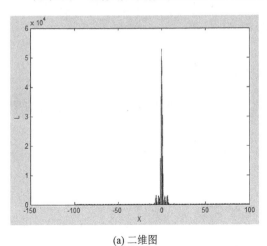

(a) 二维图

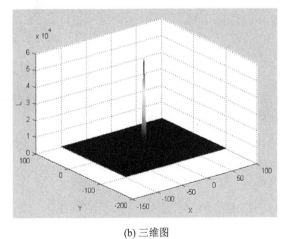

(b) 三维图

**图 6-50　$d=50$ m 时,系统性能参数的模拟图**

(2) 假设 $d=100$ m,$a$,$b$ 在一定范围内变化,将不同的数据代入以上程序,运行结果如下:

| 出射点之间距离 | 出射激光半径 | 出射激光与接收屏的距离 | 主瓣所占比例 | 主瓣面积 | 峰值 |
|---|---|---|---|---|---|
| 3.2mm | 0.8mm | 100m | 0.44258 | 3595.11mm2 | 32.3809 |
| 3.2mm | 1.6mm | 100m | 0.79833 | 1781.67mm2 | 518.0948 |
| 5.2mm | 0.8mm | 100m | 0.27522 | 2213.05mm2 | 32.3808 |
| 5.2mm | 1.6mm | 100m | 0.50456 | 1103.45mm2 | 518.0927 |
| 5.2mm | 2.4mm | 100m | 0.73033 | 731.51mm2 | 2622.843 |
| 7.2mm | 0.8mm | 100m | 0.19909 | 1600.15mm2 | 32.3806 |
| 7.2mm | 1.6mm | 100m | 0.3667 | 799.19mm2 | 518.0897 |
| 7.2mm | 2.4mm | 100m | 0.53469 | 531.33mm2 | 2622.8278 |
| 7.2mm | 3.2mm | 100m | 0.69596 | 397.19mm2 | 8289.4245 |

| | | | | | |
|---|---|---|---|---|---|
| **7.2mm** | **3.6mm** | **100m** | **0.77406** | **352.19mm2** | **13278.0489** |
| 9.2mm | 0.8mm | 100m | 0.15564 | 1277.15mm2 | 32.3804 |
| 9.2mm | 1.6mm | 100m | 0.28767 | 638.31mm2 | 518.0858 |
| 9.2mm | 2.4mm | 100m | 0.4208 | 424.85mm2 | 2622.8076 |
| 9.2mm | 3.2mm | 100m | 0.55062 | 318.11mm2 | 8289.3609 |

加粗的一组数据(倒数第五组)的二维图和三维图如图 6-51 所示。

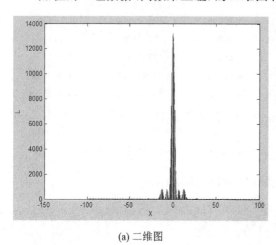

(a) 二维图

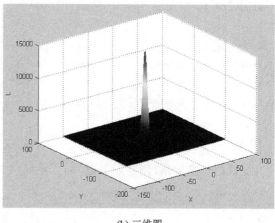

(b) 三维图

**图 6-51　$d=100$ m 时,系统性能参数的模拟图**

(3) 假设 $d=1\,000$ m,$a,b$ 在一定范围内变化,将不同的数据代入以上程序,运行结果如下:

| 出射点之间距离 | 出射激光半径 | 出射激光与接收屏的距离 | 主瓣所占比例 | 主瓣面积 | 峰值 |
|---|---|---|---|---|---|
| 3.2mm | 0.8mm | 1000m | 0.44258 | 359511mm2 | 0.32381 |
| 3.2mm | 1.6mm | 1000m | 0.79833 | 178167mm2 | 5.1809 |
| 5.2mm | 0.8mm | 1000m | 0.27522 | 221305mm2 | 0.32381 |
| 5.2mm | 1.6mm | 1000m | 0.50456 | 110345mm2 | 5.1809 |
| 5.2mm | 2.4mm | 1000m | 0.73033 | 73151mm2 | 26.2284 |
| 7.2mm | 0.8mm | 1000m | 0.19909 | 160015mm2 | 0.32381 |
| 7.2mm | 1.6mm | 1000m | 0.3667 | 79919mm2 | 5.1809 |
| 7.2mm | 2.4mm | 1000m | 0.53469 | 53133mm2 | 26.2283 |
| 7.2mm | 3.2mm | 1000m | 0.69596 | 39719mm2 | 82.8942 |
| **7.2mm** | **3.6mm** | **1000m** | **0.77406** | **35219mm2** | **132.7805** |
| 9.2mm | 0.8mm | 1000m | 0.15564 | 127715mm2 | 0.3238 |
| 9.2mm | 1.6mm | 1000m | 0.28767 | 63831mm2 | 5.1809 |
| 9.2mm | 2.4mm | 1000m | 0.4208 | 42485mm2 | 26.2281 |
| 9.2mm | 3.2mm | 1000m | 0.55062 | 31811mm2 | 82.8936 |

加粗的一组数据(倒数第五组)的二维图和三维图如图 6-52 所示。

综合前面三组数据及图形结果,可以得出以下结论:

① 出射光斑半径一定时,出射中心点之间距离越大,主瓣所占比例越小,主瓣面积越小,中心峰值基本不变。

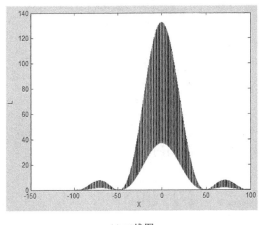

(a) 二维图

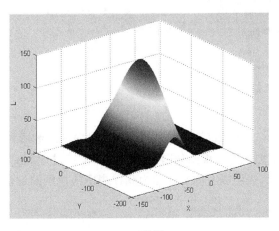

(b) 三维图

**图 6-52 $d=1\,000$ m 时,系统性能参数的模拟图**

② 出射中心点之间距离一定时,出射光斑半径越大,主瓣所占比例越大,主瓣面积越小,峰值功率越大。

③ 在 $a,b$ 相同的情况下,$d$ 越大时,主瓣所占比例基本不变,但主瓣面积变大,峰值变小。

综上所述,出射中心点之间距离越小性能越好,但无法提高峰值;而出射光斑半径越大性能越好,各项性能都有显著改善。但出射中心点之间的距离会限制出射光斑半径的大小;出射处与屏的距离越近性能越好,峰值会变大,主瓣面积变小,但受到夫琅禾费条件的限制。

令 $b=a*0.5$,$d$ 为满足夫琅禾费衍射的最小距离,$d=2/c[(a+b)*(a+b)+b*b]$。数据如下,可以得出在夫琅禾费条件下的实验结果及最优参数。

| 出射点之间距离 | 出射激光半径 | 出射激光与接收屏的距离 | 主瓣所占比例 | 主瓣面积 | 峰值 |
|---|---|---|---|---|---|
| 3.2mm | 1.6mm | 48.3019m | 0.7753 | 413.61mm2 | 2220.6339 |
| 3.4mm | 1.7mm | 54.5283m | 0.77711 | 471.97mm2 | 2220.637 |
| 3.6mm | 1.8mm | 61.1321m | 0.77842 | 526.05mm2 | 2220.6396 |
| 3.8mm | 1.9mm | 68.1132m | 0.77934 | 582.71mm2 | 2220.6418 |
| 4mm | 2mm | 75.4717m | 0.78081 | 651.87mm2 | 2220.6436 |
| 4.2mm | 2.1mm | 83.2075m | 0.78286 | 714.77mm2 | 2220.6453 |
| 4.4mm | 2.2mm | 91.3208m | 0.78389 | 780.55mm2 | 2220.6467 |
| 4.6mm | 2.3mm | 99.8113m | 0.78492 | 860.41mm2 | 2220.6479 |
| 4.8mm | 2.4mm | 108.6792m | 0.78577 | 932.63mm2 | 2220.6489 |
| 5mm | 2.5mm | 117.9245m | 0.78751 | 1007.65mm2 | 2220.6499 |
| 5.2mm | 2.6mm | 127.5472m | 0.78975 | 1097.77mm2 | 2220.6507 |
| 5.4mm | 2.7mm | 137.5472m | 0.79123 | 1178.99mm2 | 2220.6515 |
| 5.6mm | 2.8mm | 147.9245m | 0.79236 | 1263.43mm2 | 2220.6521 |
| 5.8mm | 2.9mm | 158.6792m | 0.79369 | 1364.27mm2 | 2220.6527 |
| 6mm | 3mm | 169.8113m | 0.79464 | 1454.73mm2 | 2220.6533 |
| 6.2mm | 3.1mm | 181.3208m | 0.79538 | 1548.07mm2 | 2220.6538 |
| 6.4mm | 3.2mm | 193.2075m | 0.79643 | 1659.27mm2 | 2220.6542 |
| 6.6mm | 3.3mm | 205.4717m | 0.79807 | 1759.11mm2 | 2220.6546 |
| 6.8mm | 3.4mm | 218.1132m | 0.80034 | 1861.85mm2 | 2220.655 |

| 7mm | 3.5mm | 231.1321m | 0.80274 | 1983.73mm2 | 2220.6553 |
| 7.2mm | 3.6mm | 244.5283m | 0.80464 | 2092.35mm2 | 2220.6556 |
| 7.4mm | 3.7mm | 258.3019m | 0.80593 | 2204.13mm2 | 2220.6559 |
| 7.6mm | 3.8mm | 272.4528m | 0.80701 | 2336.71mm2 | 2220.6562 |
| 7.8mm | 3.9mm | 286.9811m | 0.80822 | 2454.81mm2 | 2220.6564 |
| 8mm | 4mm | 301.8868m | 0.80956 | 2575.67mm2 | 2220.6567 |

第一组(第一行)参数 $x,y$ 方向的二维图如图 6-53 所示。最后一组(最后一行)参数 $x$, $y$ 方向的二维图如图 6-54 所示。经过近似后的数据峰值几乎相同,主瓣所占比例也相差不大,表明以上的参数即为此程序所能达到的最优参数。

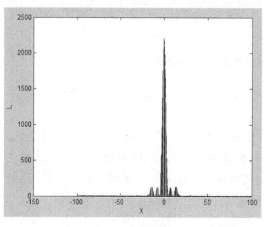

(a) $x$ 方向的二维图          (b) $y$ 方向的二维图

**图 6-53   $a=3.2$ mm, $b=1.6$ mm, $d=48.301\ 9$ m 时,系统性能参数的模拟图**

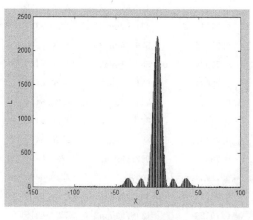

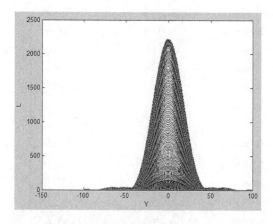

(a) $x$ 方向的二维图          (b) $y$ 方向的二维图

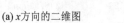

**图 6-54   $a=8$ mm, $b=4$ mm, $d=301.886\ 8$ m 时,系统性能参数的模拟图**

# 参考文献

[1] 孙玲,赵鸿,杨文是,等. 多光束激光相干合成技术研究[J]. 激光与红外,2007,37

(2):111 - 113.

[2] 李水忠, 范滇光. 光纤激光器光束的叠加技术[J]. 激光与光电子学进展, 2005, 42 (9):26 - 29.

[3] 冯光. 光纤激光功率相干合成技术[D]. 西安:西安电子科技大学, 2011.

# 6.9  MATLAB 在透镜像差计算中的应用

## 6.9.1  设计目的

➤ 熟悉光学系统像差的概念、产生的原因和对光学系统成像质量的影响;
➤ 掌握各种几何像差的定义和基本理论;
➤ 加深理解子午面内的光线光路计算。

## 6.9.2  设计任务及要求

本设计利用 MATLAB 软件, 运用光线光路计算方法, 计算双胶合透镜的球差。

## 6.9.3  设计原理概述

透镜作为光学系统中最普遍、最重要的元件之一, 在光学领域得到了广泛应用。双胶合透镜由两种不同折射率的正、负透镜胶合而成。由于双胶合透镜有较高的横向分辨率和轴向分辨率, 能够作为共焦 3 - D 成像的一种较为理想光学元件, 因此双胶合透镜在光学系统设计中得到广泛的应用。

透镜的几何像差有球差、彗差、象散、场曲、畸变、轴向色差和垂轴色差, 其中前面五种是单色光的像差, 复色光包含上述七种像差。由于透镜像差较多, 本设计利用 MATLAB 软件编程实现双胶合透镜球差的计算, 并得到可视化结果。

在计算双胶合透镜像差时, 人们常用到的是光线光路计算方法。

本节主要对双胶合透镜的球差进行理论分析和仿真计算, 在计算球差时, 要对光路的轴上物点近轴光线和轴上物点远轴光线进行计算。

### 1.  球差的成因及危害

球差亦称球面像差。轴上物点发出的光束, 经光学系统以后, 与光轴夹不同角度的光线交光轴于不同位置, 因此, 在像面上形成一个圆形弥散斑, 这就是球差。球差一般是以实际光线在像方与光轴的交点相对于近轴光线与光轴交点 (即高斯像点) 的轴向距离来度量。

球面像差是透镜中间部分与边缘部分顶角大小不同, 使得光线透过它们发生折射时的偏向角大小不同, 导致折射光线与主轴的交点不重合而造成的。如图 6 - 55 所示, 设 $P$ 是主光轴上的一个物点, 接近主光轴的光线折射后成像在 $P'$, 边缘的光线折射后成像在 $P''$, 其他部分的光线折射后成像在 $P'$ 与 $P''$ 之间。

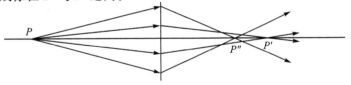

图 6 - 55　球面像差形成原理

球差影响光学系统成像的清晰度、相似性和色彩逼真度等,降低了成像质量。因此,在实际设计中需要降低球差和色差对成像质量的影响,以达到较好的效果。

**2. 轴上物点近轴光线的光路计算**

近轴光线就是在主轴附近很小区域里的光线,与主轴夹角很小($<5°$)。图 6-56 所示为由轴上物点 $A$ 发出的近轴光线通过单个折射球面。其像方参数可按下式计算:

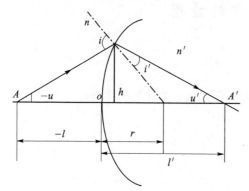

图 6-56  轴上物点近轴光线光路

$$\begin{cases} i = \dfrac{l-r}{r}u \\[2mm] i' = \dfrac{n}{n'}i \\[2mm] u' = u + i - i' \\[2mm] l' = \dfrac{r \cdot i}{u'} + r \end{cases} \qquad (6-18)$$

式中,$u$ 是光线折射前的孔径角,光线向光轴旋转,逆时针方向为正,顺时针为负;$u'$ 是光线经表面折射后的孔径角,光线向光轴旋转,逆时针为正值,顺时针为负值;$i$ 为入射角;$i'$ 为折射角;$n$ 为透镜前方介质折射率;$n'$ 为透镜后方介质折射率;$r$ 为透镜的曲率半径。

给出物距 $l$ 和孔径 $u$ 后,便可计算出像距 $l'$ 和像方孔径角 $u'$。

$$u' = u + \frac{l-r}{r}u - \frac{n}{n'} \cdot \frac{l-r}{r}u \qquad (6-19)$$

$$l' = \frac{r \cdot i}{u'} + r = \frac{l-r}{1 + \dfrac{l-r}{r} - \dfrac{n}{n'} \cdot \dfrac{l-r}{r}} + r \qquad (6-20)$$

对于近轴光线,当角 $u$ 增大或缩小某一倍数,$l'$ 和 $u'$ 均增大或缩小同一倍数,即像距 $l'$ 与物方孔径角 $u$ 无关,因此当轴上物点确定(物距 $l$ 确定)后,像距 $l'$ 与物方孔径角的大小无关,孔径角 $u$ 可任意取值(当然得取近轴)。

对于由 $k$ 个折射面组成的光学系统作光路计算时,则需由前一个面到后一个面的过渡计算:

$$\begin{cases} l_k = l'_{k-1} - d_{k-1} \\[1mm] u_k = u'_{k-1} \\[1mm] n_k = n'_{k-1} \end{cases} \qquad (6-21)$$

式中,$l_k$ 是到第 $k$ 个折射面时的物距,$l'_{k-1}$ 是到第 $k-1$ 个折射面时的像距,$d_{k-1}$ 表示第 $k-1$ 面与 $k-2$ 面间的顶点间隔,自左至右为正。根据式(6-21)和式(6-22)便可求得 $l'_k$。

过渡计算中,第 $i$ 面的折射面的像方参数计算如下:

$$\begin{cases} i_i = \dfrac{l_i - r_i}{r_i}u_i \\[2mm] i'_i = \dfrac{n_i}{n'_i}i_i \\[2mm] u'_i = u_i + i_i - i'_i \\[2mm] l'_i = \dfrac{r_i \cdot i_i}{u'} + r_i \end{cases} \qquad (i = 2,3,\cdots,k) \qquad (6-22)$$

**3. 轴上物点远轴光线的光路计算**

如图 6-57 所示,轴上物点 $P_1$ 发出的光线,经第一折射面折射后,到达轴上点 $P_1'$,然后又继续到达第二折射面。

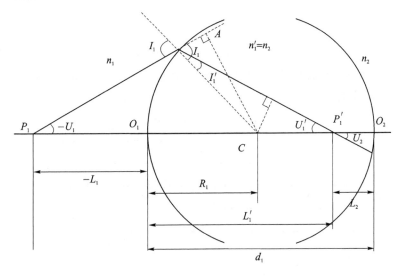

**图 6-57　轴上物点远轴光线的光路计算**

图 6-57 中,初始值 $L_1$ 为物距,$U_1$ 为孔径角,折射计算可按下式进行:

$$\begin{cases} \sin I_1 = \dfrac{L_1 - R_1}{R_1} \sin U_1 \\[2mm] \sin I_1' = \dfrac{n_1}{n_1'} \sin I_1 \\[2mm] U_1' = U_1 + I_1 - I_1' \\[2mm] L_1' = R_1 + R_1 \dfrac{\sin I_1'}{\sin U_1'} \end{cases} \tag{6-23}$$

式中,$U_1$ 是光线折射前的孔径角,光线向光轴旋转,逆时针方向为正,顺时针为负;$U_1'$ 是光线经表面折射后的孔径角,光线向光轴旋转,逆时针为正值,顺时针为负值;$I_1$ 为入射角;$I_1'$ 为折射角;$n$ 为透射前方介质折射率;$n'$ 为透镜后方介质折射率;$R_1$ 为透镜的曲率半径。给出物距 $L_1$ 和孔径 $U_1$ 后,便可计算出像距 $L_1'$ 和像方孔径角 $U_1'$。

对于由 $k$ 个折射面组成的光学系统作光路计算时,则需由前一个面到后一个面的过渡计算:

$$\begin{cases} L_k = L_{k-1}' - d_{k-1} \\[1mm] U_k = U_{k-1}' \\[1mm] n_k = n_{k-1}' \end{cases} \tag{6-24}$$

式中,$L_k$ 是到第 $k$ 个折射面时的物距;$L_{k-1}'$ 是到第 $k-1$ 个折射面时的像距;$d_{k-1}$ 表示第 $k-1$ 面与 $k-2$ 面间的顶点间隔,自左至右为正。

整理过后可以得到下式:

$$L_k' = R_k + R_k \cdot \frac{\sin I_i'}{\sin U_i'} \tag{6-25}$$

这样便可计算出第 $k$ 面像点的坐标。

若您对此书内容有任何疑问,可以登录MATLAB中文论坛与同行们交流。

最后,通过计算实际像点与理想像点的偏差,即第 $k$ 面的轴上物点远轴光线所成像的像点的坐标减去第 $k$ 面的轴上物点近轴光线所成像的像点坐标,可计算出球差,即

$$\delta L'_k = L'_k - l'_k \tag{6-26}$$

### 6.9.4  设计实现

双胶合透镜的参数如表 6-2 所列,焦距 $f'=100$ mm,相对孔径 $D/f'=1/5$,视场角 $2w=6°$,利用 MATLAB 编程得到该双胶合透镜的球差曲线,表中 $n_D$、$n_F$、$n_C$ 分别代表 D 光、F 光、C 光的折射率(波长分别为 589.3 nm、486.1 nm、656.3 nm)。

表 6-2  双胶合透镜参数

| $r$/mm | $d$/mm | $n_D$ | $n_F$ | $n_C$ |
|---|---|---|---|---|
| 61.867 189 | | 1.514 70 | 1.520 67 | 1.512 18 |
| −53.831 719 | 1.943 3 | | | |
| −128.831 547 | 1.1 | 1.672 70 | 1.687 49 | 1.666 62 |

MATLAB 程序如下:

```
n = 1.000;nD1 = 1.51470;nD3 = 1.67270;
nF1 = 1.52067;nF3 = 1.68749;
nC1 = 1.51218;nC3 = 1.66662;
r1 = 61.857189;r2 = − 43.831719;r3 = − 128.831547;
d1 = 1.9433;d2 = 1.1;
hm = 20;
%定义主要参数
h1 = linspace(0.01,hm,1000);   U1 = 0;
u1 = 0;
%D光近轴
% D光近轴在第一镜面成像参数
i1 = h1./r1;
i11 = n. * i1./nD1;
u11 = u1 + i1 − i11;
l11 = (i11. * r1)./u11 + r1
% D光近轴在第二镜面成像参数
l2 = l11 − d1;
i2 = (l2 − r2). * u11./r2;
i21 = nD1. * i2./nD3;
u21 = u11 + i2 − i21;
l21 = r2 + r2. * i21./u21
% D光近轴在第三镜面成像参数
l3 = l21 − d2;
i3 = (l3 − r3). * u21./r3;
i31 = nD3. * i3./n;
u31 = u21 + i3 − i31;
l31 = r3 + r3. * i31./u31
%D光远轴
%计算初值为 L1 = inf,U1 = 0,sinI1 = h1/r1;
% D光远轴在第一镜面成像参数
I1 = asin(h1./r1);
I11 = asin(n. * sin(I1)./nD1)
U11 = 0 + I1 − I11;
```

```matlab
L11 = r1 + (r1. * sin(I11)./sin(U11));
% D 光远轴在第二镜面成像参数
L2 = L11 - d1;
U2 = U11;
I2 = asin((L2 - r2). * sin(U2)./r2);
I21 = asin(nD1. * sin(I2)./nD3);
U21 = U2 + I2 - I21;
L21 = r2 + (r2. * sin(I21)./sin(U21));
% D 光远轴在第三镜面成像参数
L3 = L21 - d2;
U3 = U21;
I3 = asin((L3 - r3). * sin(U3)./r3);
I31 = asin(nD3. * sin(I3)./n);
U31 = U3 + I3 - I31;
L31 = r3 + (r3. * sin(I31)./sin(U31));
% 理想值减实际值得球差
LC = l31 - L31
plot(LC,h1/hm,'-');
title('D 光 F 光 C 光球差曲线')
hold on
% F 光近轴
% F 光近轴在第一镜面成像参数
i1 = h1./r1;
i11 = n. * i1./nF1;
u11 = u1 + i1 - i11;
l11 = ((i11. * r1)./u11) + r1;
% F 光近轴在第二镜面成像参数
l2 = l11 - d1;
i2 = (l2 - r2). * u11./r2;
i21 = nF1. * i2./nF3;
u21 = u11 + i2 - i21;
l21 = r2 + r2. * i21./u21
% F 光近轴在第三镜面成像参数
l3 = l21 - d2;
i3 = (l3 - r3). * u21./r3;
i31 = nF3. * i3./n;
u31 = u21 + i3 - i31;
l31 = r3 + r3. * i31./u31
% F 光远轴
% 计算初值为 L1 = inf,U1 = 0,sinI1 = h1/r1;
% F 光远轴在第一镜面成像参数
I1 = asin(h1./r1);
I11 = asin(n. * sin(I1)./nF1)
U11 = U1 + I1 - I11;
L11 = r1 + (r1. * sin(I11)./sin(U11));
% F 光远轴在第二镜面成像参数
L2 = L11 - d1;
U2 = U11;
I2 = asin((L2 - r2). * sin(U2)./r2);
I21 = asin(nF1. * sin(I2)./nF3);
U21 = U2 + I2 - I21;
L21 = r2 + (r2. * sin(I21))./sin(U21);
% F 光远轴在第三镜面成像参数
L3 = L21 - d2;
U3 = U21;
```

若您对此书内容有任何疑问，可以登录 MATLAB 中文论坛与同行们交流。

```
I3 = asin((L3 - r3). * sin(U3)./r3);
I31 = asin(nF3. * sin(I3)./n);
U31 = U3 + I3 - I31;
L31 = r3 + (r3. * sin(I31)./sin(U31));
% 理想值减实际值得球差
LC = l31 - L31
plot(LC,h1/hm,'--');
hold on
plot(0,[0:0.01:hm]/hm,'k')
%C 光近轴
%  C 光近轴在第一镜面成像参数
i1 = h1./r1;
i11 = n. * i1./nC1;
u11 = u1 + i1 - i11;
l11 = ((i11. * r1)./u11) + r1;
%  C 光近轴在第二镜面成像参数
l2 = l11 - d1;
i2 = (l2 - r2). * u11./r2;
i21 = nC1. * i2./nC3;
u21 = u11 + i2 - i21;
l21 = r2 + (r2. * i21./u21);
%  C 光近轴在第三镜面成像参数
l3 = l21 - d2;
i3 = (l3 - r3). * u21./r3;
i31 = nC3. * i3./n;
u31 = u21 + i3 - i31;
l31 = r3 + (r3. * i31./u31);
%C 光远轴
% 计算初值为 L1 = inf,U1 = 0,sinI1 = h1/r1;
%  C 光远轴在第一镜面成像参数
I1 = asin(h1./r1);
I11 = asin(n. * sin(I1)./nC1)
U11 = U1 + I1 - I11;
L11 = r1 + (r1. * sin(I11)./sin(U11));
%  C 光远轴在第二镜面成像参数
L2 = L11 - d1;
U2 = U11;
I2 = asin((L2 - r2). * sin(U2)./r2);
I21 = asin(nC1. * sin(I2)./nC3);
U21 = U2 + I2 - I21;
L21 = r2 + (r2. * sin(I21)./sin(U21));
%  C 光远轴在第三镜面成像参数
L3 = L21 - d2;
U3 = U21;
I3 = asin((L3 - r3). * sin(U3)./r3);
I31 = asin(nC3. * sin(I3)./n);
U31 = U3 + I3 - I31;
L31 = r3 + (r3. * sin(I31)./sin(U31));
LC = l31 - L31
plot(LC,h1/hm,'-.');
plot(0,[0:0.01:hm]/hm,'k');legend('D 光球差曲线 ','F 光球差曲线 ','C 光球差曲线 ');
```

运行结果如图 6-58 所示。

图 6-58 表明,利用 MATLAB 编程可以很好地绘制双胶合透镜的球差曲线。同理,利用该软件也可方便地绘制其他几何像差曲线。

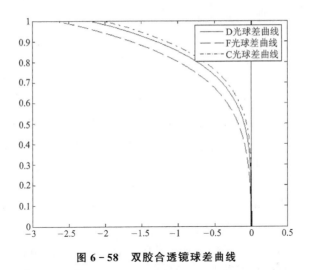

图 6 - 58  双胶合透镜球差曲线

# 参考文献

[1] 吴强. 光学[M]. 北京:科学出版社,2006.

[2] 李晓彤. 几何光学·像差·光学设计[M]. 3 版. 杭州:浙江大学出版社,2014.

[3] 杨华军,刘静娴,黄轲琴,等. 仿真在光学课程教学中的应用[J]. 实验科学与技术,2009,5(3):101-104.

## 6.10  基于 MATLAB 的人脸识别

人脸识别技术(AFR)就是利用计算机技术,根据数据库的人脸图像,分析提取出有效的识别信息,用来"辨认"身份的技术。其研究始于 20 世纪 60 年代末 70 年代初,研究的领域涉及图像处理、计算机视觉、模式识别、计算机智能等领域,是伴随着现代化计算机技术、数据库技术发展起来的综合交叉学科。

### 6.10.1  设计目的

➤ 通过本设计,熟悉基于 MATLAB 的人脸识别系统的基本原理及实现方法。

### 6.10.2  设计任务及具体要求

构建基于肤色分割和模板验证的人脸检测试验系统,主要包括肤色分割、特征筛选、模板匹配等过程,通过 MATLAB 编程实现人脸检测,利用该系统对人脸图像数据库的图像进行测试。

### 6.10.3  基本原理概述

在人脸识别技术发展的几十年中,研究者们提出了多种多样的人脸识别方法,一个完整的自动人脸识别系统包括人脸检测定位和数据库的组织等模块,识别流程如图 6 - 59 所示。

人脸识别过程主要包含人脸检测与定位、特征提取与人脸识别这两个环节。

**197**

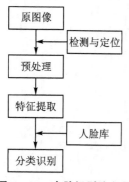

图 6-59　人脸识别流程图

人脸检测与定位:检测图像中是否有人脸,若有,将其从背景中分割出来,并确定其在图像中的位置。在某些可以控制拍摄条件的场合,如警察拍罪犯照片时,将人脸限定在标尺内,此时人脸的定位很简单;证件照背景简单,定位也比较容易。而在另一些情况下,人脸在图像中的位置预先是未知的,比如在复杂背景下拍摄的照片,这时人脸的检测与定位将受到以下因素的影响,如人脸在图像中的位置、角度、不固定尺寸以及光照的影响;发型、眼睛、胡须以及人脸的表情变化等;图像中的噪声等。

特征提取与人脸识别:特征提取之前一般都要做几何归一化和灰度归一化的工作。前者指根据人脸定位结果将图像中的人脸变化到同一位置和大小;后者是指对图像进行光照补偿(光照补偿能够一定程度的克服光照变化的影响,从而提高识别率)等处理,以克服光照变化的影响。提取出待识别的人脸特征之后,即可进行特征匹配。特征匹配过程是一对多或者一对一的匹配过程,前者是确定输入图像为图像库中的哪一个人(即人脸识别),后者是验证输入图像的人的身份是否属实(人脸验证)。

以上两个环节的独立性很强。在许多特定场合下人脸的检测与定位相对比较容易,因此,特征提取与人脸识别环节得到了更广泛和深入的研究。近几年随着人们越来越关心各种复杂情形下的人脸自动识别系统以及多功能感知的研究,人脸检测与定位作为一个独立的模式识别问题得到了广泛的重视。本设计主要通过肤色分割实现人脸检测与定位,通过模板匹配识别出人脸。

## 6.10.4　设计方案及验证

### 1. 肤色分割

肤色是人脸的重要特征,在通过肤色采样统计和聚类分析后,确立一种在YCbCr(色彩空间的一种,Y为颜色的亮度成分,而Cb和Cr则为蓝色和红色的浓度偏移量成分)空间下的基于高斯模型的肤色分割方法。在YCbCr色彩空间中建立肤色分布的高斯模型,得到肤色概率似然图像,然后选取最佳阈值完成肤色区域的分割。

MATLAB 程序如下:

```
functionp = rgb_RGB(Ori_Face)
R = Ori_Face(:,:,1);
G = Ori_Face(:,:,2);
B = Ori_Face(:,:,3);
R1 = im2double(R);      % 将 uint8 型转换成 double 型处理
G1 = im2double(G);
B1 = im2double(B);
RGB = R1 + G1 + B1;
m = [0.4144,0.3174];    % 均值
n = [0.0031, - 0.0004; - 0.0004,0.0003];   % 方差
row = size(Ori_Face,1);   % 行像素数
column = size(Ori_Face,2);  % 列像素数
for i = 1:row
    for j = 1:column
        if RGB(i,j) = = 0
            rr(i,j) = 0;
            gg(i,j) = 0;
        else
            rr(i,j) = R1(i,j)/RGB(i,j);   % RGB 归一化
```

```
            gg(i,j) = G1(i,j)/RGB(i,j);
            x = [rr(i,j),gg(i,j)];
            p(i,j) = exp(( -0.5) * (x - m) * inv(n) * (x - m)¹);    % 皮肤概率服从高斯分布
        end
    end
end
```

**2. 模板匹配**

本设计使用平均模板匹配方法对待识别的人脸进行确认,并针对图像中的人脸有一定角度旋转和尺寸大小不确定的问题,通过计算待识别的人脸图像块的偏转角度和面积,并以此调整模板,优化模板配准,提高模板匹配的准确性。利用待识别的人脸图像区域和模板质心作为配准的原点,抑制人脸图像噪声的干扰。平均模板匹配方法包含以下步骤:

（1）求质心

首先,计算二值图像每一个待识别区域的质心,假设待识别区域用矩阵 $A[i,j]$ 来表示,其面积的中心为质心,则

$$a = \frac{1}{s} \sum_{j=1}^{n} \sum_{i=1}^{m} i A[i,j] \tag{6-27}$$

$$b = \frac{1}{s} \sum_{j=1}^{n} \sum_{i=1}^{m} j A[i,j] \tag{6-28}$$

式中, $i$ 和 $j$ 分别是横向和纵向像素点的坐标, $A[i,j]$ 为包含图像各个像素点灰度值的矩阵, $s$ 为所有像素点灰度值的和,即 $s = \sum_{j=1}^{n} \sum_{i=1}^{m} A[i,j]$ ,那么 $a$ 和 $b$ 就是所求质心的横纵坐标。

MATLAB 程序如下:

```
function [xmean,ymean] = center(bw)
bw = bwfill(bw,'holes');
area = bwarea(bw);
[m n] = size(bw);
bw = double(bw);
xmean = 0;
ymean = 0;
for i = 1:m,
    for j = 1:n,
        xmean = xmean + j * bw(i,j);
        ymean = ymean + i * bw(i,j);
    end;
end;
if(area = = 0)
    xmean = 0;
    ymean = 0;
else
    xmean = xmean/area;
    ymean = ymean/area;
    xmean = round(xmean);
    ymean = round(ymean);
end
```

（2）求旋转角

通过求得的质心计算旋转角 $\theta$:

$$\theta = \frac{1}{2} \arctan \frac{Y}{X - Z} \tag{6-29}$$

若您对此书内容有任何疑问,可以登录MATLAB中文论坛与同行们交流。

旋转角 $\theta$ 表示待识别区域人脸与标准正面人脸的旋转角度之差,先把模板旋转相应的角度;然后用线性插值的方法调节模板大小,使它与待识别区域的大小相等;最后用变化后的模板对准原图像的待识别区域。

MATLAB 程序如下:

```
function [theta] = orient(bw,xmean,ymean)
[m n] = size(bw);
bw = double(bw);
a = 0;
b = 0;
c = 0;
for i = 1:m,
    for j = 1:n,
        a = a + (j - xmean)^2 * bw(i,j);
        b = b + (j - xmean) * (i - ymean) * bw(i,j);
        c = c + (i - ymean)^2 * bw(i,j);
    end;
end;
b = 2 * b;
theta = atan(b/(a - c))/2;
theta = theta * (180/pi);   % 从幅度转换到角度
```

(3) 找区域边界

MATLAB 程序如下:

```
function [left,right,up,down] = bianjie(A)
[m n] = size(A);
left = -1;
right = -1;
up = -1;
down = -1;
for j = 1:n,
    for i = 1:m,
        if(A(i,j)~ = 0)
            left = j;
            break;
        end;
    end;
    if(left~ = -1)
        break;
    end;
end;
for j = n: -1:1,
    for i = 1:m,
        if(A(i,j)~ = 0)
            right = j;
            break;
        end;
    end;
    if(right~ = -1)
        break;
    end;
end;
for i = 1:m,
    for j = 1:n,
        if(A(i,j)~ = 0)
```

```
                up = i;
                break;
            end;
        end;
        if(up~ = -1)
            break;
        end;
    end;
end;
for i = m: -1:1,
    for j = 1:n,
        if(A(i,j)~ = 0)
            down = i;
            break;
        end;
    end;
    if(down~ = -1)
        break;
    end;
end;
```

（4）求起始坐标

MATLAB 程序如下：

```
function newcoord = checklimit(coord,maxval)
newcoord = coord;
if(newcoord<1)
    newcoord = 1;
    if(newcoord>maxval)
        newcoord = maxval;
    end;
end;
```

（5）模板匹配

设模板矩阵为 $\boldsymbol{B}[i,j]$，计算模板旋转伸缩后与待识别区域的相关系数 $R$。

$$R = \frac{\sum_{j=1}^{n}\sum_{i=1}^{m}(\boldsymbol{A}[i,j] - \mu_A)(\boldsymbol{B}[i,j] - \mu_B)}{\sqrt{\left[\sum\sum(\boldsymbol{A}[i,j] - \mu_A)^2\right]\left[\sum_{j=1}^{n}\sum_{i=1}^{m}(\boldsymbol{B}[i,j] - \mu_B)^2\right]}} \qquad (6-30)$$

式中，$\mu_A$ 为待识别区域的均值，$\mu_B$ 为模板的均值，$R$ 越大则模板与待识别区域的匹配程度越高。

MATLAB 程序如下：

```
function [ccorr,mfit,RectCoord] = mobanpipei(mult,frontalmodel,ly,wx,cx,cy,angle)
frontalmodel = rgb2gray(frontalmodel);
model_rot = imresize(frontalmodel,[ly wx],'bilinear');    % 调整模板大小
model_rot = imrotate(model_rot,angle,'bilinear');    % 旋转模板
[l,r,u,d] = bianjie(model_rot);    % 求边界坐标
bwmodel_rot = imcrop(model_rot,[l u (r-l) (d-u)]);    % 选择模板人脸区域
[modx,mody] = center(bwmodel_rot);    % 求质心
[morig,norig] = size(bwmodel_rot);    % 产生一个覆盖了人脸模板的灰度图像
mfit = zeros(size(mult));
mfitbw = zeros(size(mult));
[limy,limx] = size(mfit);
% 计算原图像中人脸模板的坐标
```

若您对此书内容有任何疑问，可以登录MATLAB中文论坛与同行们交流。

```
startx = cx - modx;
starty = cy - mody;
endx = startx + norig - 1;
endy = starty + morig - 1;
startx = checklimit(startx,limx);
starty = checklimit(starty,limy);
endx = checklimit(endx,limx);
endy = checklimit(endy,limy);
for i = starty:endy,
    for j = startx:endx,
        mfit(i,j) = model_rot(i - starty + 1,j - startx + 1);
    end;
end;
ccorr = corr2(mfit,mult);    %计算相关度
[l,r,u,d] = bianjie(bwmodel_rot);
sx = startx + l;
sy = starty + u;
RectCoord = [sx sy (r-1) (d-u)];    %产生矩形坐标
```

### 3. 主程序

本设计所用的模板是从人脸库中选取多张人脸图像,求出对应像素的均值生成模板,生成的模板如图 6-60 所示。

图 6-60　模　板

MATLAB 程序如下:

```
clear;
[fname,pname] = uigetfile({'*.jpg';'*.bmp';'*.tif';'*.gif'},'Please choose a color picture...');
%返回打开的图片名与图片路径名
[u,v] = size(fname);
y = fname(v);    %图片格式代表值
switch y
    case 0
        errordlg('You Should Load Image File First...','Warning...');
    case{'g';'G';'p';'P';'f';'F'};    %图片格式若是 JPG/jpg、BMP/bmp、TIF/tif 或者 GIF/gif,才打开
        I = cat(2,pname,fname);
        Ori_Face = imread(I);
        subplot(2,3,1),imshow(Ori_Face);
    otherwise
        errordlg('You Should Load Image File First...','Warning...');
end
p = rgb_RGB(Ori_Face);    %肤色分割
subplot(2,3,2);imshow(p);    %显示皮肤灰度图像
low_pass = 1/9 * ones(3);
image_low = filter2(low_pass,p);    %低通滤波去噪声
subplot(2,3,3);imshow(image_low);
```

```matlab
% 自适应阀值程序
previousSkin2 = zeros(i,j);
changelist = [];
for threshold = 0.55; -0.1:0.05
    two_value = zeros(i,j);
    two_value(find(image_low>threshold)) = 1;
    change = sum(sum(two_value - previousSkin2));
    changelist = [changelist change];
    previousSkin2 = two_value;
end
[C,I] = min(changelist);
optimalThreshold = (7 - I) * 0.1;
two_value = zeros(i,j);
two_value(find(image_low>optimalThreshold)) = 1;    % 二值化
subplot(2,3,4);imshow(two_value);    % 显示二值图像
frontalmodel = imread('templet.jpg');    % 读入人脸模板照片
FaceCoord = [];
imsourcegray = rgb2gray(Ori_Face);    % 将原照片转换为灰度图像
[L,N] = bwlabel(two_value,8);    % 标注二值图像中连接的部分,L 为数据矩阵,N 为颗粒的个数
for i = 1:N,
    [x,y] = find(bwlabel(two_value) == i);    % 寻找矩阵中标号为 i 的行和列的下标
    bwsegment = bwselect(two_value,y,x,8);    % 选出第 i 个颗粒
    numholes = 1 - bweuler(bwsegment,4);    % 计算此区域的空洞数
    if(numholes >= 1)    % 若此区域至少包含一个洞,则将其选出,并进行下一步运算
        RectCoord = -1;
        [m n] = size(bwsegment);
        [cx,cy] = center(bwsegment);    % 求此区域的质心
        bwnohole = bwfill(bwsegment,'holes');    % 将洞封住(将灰度值赋为1)
        justface = uint8(double(bwnohole).* double(imsourcegray));    % 只在原照片的灰度图像
                                                                       % 中保留该待识别区域
        angle = orient(bwsegment,cx,cy);    % 求此区域的偏转角度
        bw = imrotate(bwsegment,angle,'bilinear');
        bw = bwfill(bw,'holes');
        [l,r,u,d] = bianjie(bw);
        wx = (r-l+1);    % 宽度
        ly = (d-u+1);    % 高度
        wratio = ly/wx;    % 高宽比
        if((0.8 <= wratio)&&(wratio <= 2))    % 如果目标区域的高度/宽度大于0.8且小于2.0,
                                               % 则将其选出,并进行下一步运算
            S = ly * wx;    % 计算包含此区域的矩形面积
            A = bwarea(bwsegment);    % 计算此区域面积
            if(A/S>0.35)
                [ccorr,mfit,RectCoord] = mobanpipei(justface,frontalmodel,ly,wx,cx,cy,angle);
            end
            if(ccorr >= 0.6)
                mfitbw = (mfit >= 1);
                invbw = xor(mfitbw,ones(size(mfitbw)));
                source_with_hole = uint8(double(invbw).* double(imsourcegray));
                final_image = uint8(double(source_with_hole) + double(mfit));
                subplot(2,3,5);imshow(final_image);    % 显示覆盖了模板脸的灰度图像
                imsourcegray = final_image;
                subplot(2,3,6);imshow(Ori_Face);    % 显示检测效果图
            end;
            if(RectCoord ~= -1)
                FaceCoord = [FaceCoord;RectCoord];
            end
        end
    end
```

```
    end
  % 在认为是人脸的区域画矩形
  [numfaces x] = size(FaceCoord);
  for i = 1:numfaces,
      hd = rectangle('Position',FaceCoord(i,:),'LineWidth',3);
      set(hd,'edgecolor','y');
  end
```

程序运行结果如图 6-61 所示,其中模板覆盖图像是模板与待识别区最佳匹配状态下(即相关性最高)模板在图像中的位置,识别结果通过图 6-61 中的矩形框标出。

(a) 原图像  (b) 灰度图像  (c) 滤波后的图像

(d) 二值图像  (e) 模板覆盖的图像  (f) 识别结果

图 6-61  人脸识别结果图

## 6.10.5  结  论

基于模板匹配的检测识别方法能够很好地把复杂的背景与人脸区别开来,运算量也较其他方法小,且运算速度快,在单人头人脸检测中具有很高的正确率,在实用中有看广泛的应用。本设计解决了图像中的人脸有一定角度旋转和尺寸大小不确定的问题,抑制了人脸图像噪声的干扰。由实验结果中可以看出,在人脸检测中不管人脸是正面还是侧面,都能正确地将人脸检测识别出来,具有较好的识别效果。

## 参考文献

[1] 卢绪军,赵勋杰. 一种基于肤色和模板匹配的人脸检测方法[J]. 计算机应用与软件,2011, 28(8):112-114.

[2] 赵小川. 现代数字图像处理技术提高及应用案例详解(MATLAB 版)[M]. 北京:北京航空航天大学出版社,2012.

[3] 朱正平,孙传庆,王阳萍. 基于肤色与模板匹配的人脸检测方法研究[J]. 自动化与仪器仪表,2008,6:91-93.

[4] 李宏伟. 基于肤色分割和人脸特征的人脸检测研究[D]. 合肥:安徽大学,2009.